普通高等教育"十一五"国家级规划教材

版式设计与专业排版软件应用

姚予疆　胡　柳　曹云生　主编

高等教育出版社

内容提要

本书是普通高等教育"十一五"国家级规划教材。

本书全面讲解了版式设计的相关理论及与之密切相关的两个设计软件——PageMaker 和 InDesign 的相关技术,并配合大量的欣赏图片及典型实例,帮助读者提高审美水平,掌握软件使用方法及设计知识。

本书采用软件技术＋实例操作同步进行的讲解方式,再配合较为丰富的设计理论相关知识讲解以及精美的设计案例解析,使读者在学习本书后,不仅能够提高设计理论修养,而且能够获取一定的软件实际操作技能。

本书图文并茂,结构清晰,表达流畅,内容丰富、实用,不仅适合希望进入相关设计领域的自学者使用,也适合各开设相关设计课程的院校作为教学资料。

图书在版编目(CIP)数据

版式设计与专业排版软件应用/姚予疆,胡柳,曹云生主编. —北京:高等教育出版社,2009.8
ISBN 978 – 7 – 04 – 027305 – 2

Ⅰ.版… Ⅱ.①姚…②胡…③曹… Ⅲ.①版式－设计－应用软件－高等学校－教材②排版－应用软件－高等学校－教材 Ⅳ.TS803.23

中国版本图书馆 CIP 数据核字(2009)第 104158 号

策划编辑	赵 萍	**责任编辑**	李瑞芳	**封面设计**	张志奇
版式设计	范晓红	**责任校对**	姜国萍	**责任印制**	尤 静

出版发行	高等教育出版社	购书热线	010 – 58581118
社　　址	北京市西城区德外大街 4 号	咨询电话	400 – 810 – 0598
邮政编码	100120	网　　址	http://www.hep.edu.cn
总　　机	010 – 58581000		http://www.hep.com.cn
		网上订购	http://www.landraco.com
经　　销	蓝色畅想图书发行有限公司		http://www.landraco.com.cn
印　　刷	北京铭成印刷有限公司	畅想教育	http://www.widedu.com
开　　本	787×1092　1/16	版　　次	2009 年 8 月第 1 版
印　　张	16.75	印　　次	2009 年 8 月第 1 次印刷
字　　数	400 000	定　　价	26.10 元(含光盘)

本书如有缺页、倒页、脱页等质量问题,请到所购图书销售部门联系调换。

版权所有　侵权必究

物料号　27305 – 00

前　　言

版式设计与本书

版式设计是一个综合的思维过程，是通过符号把设计师的创作思想表现出来，并呈现在作品中。其中所涉及的图形和文字是构成版式设计不可缺少的元素，为此，必然会形成一个策划与组织的构思过程。

版式设计绝非一门独立存在的知识，它的应用跨越了各大平面设计领域，如封面设计、广告设计、宣传品以及图书内文版式设计等诸多领域，甚至称之为入行平面设计领域必须掌握的一项知识亦不为过。本书就是专门针对版式设计知识进行讲解的图书。

本书涉及的软件

本书主要涉及版式设计软件PageMaker和InDesign，这两种软件都是全球著名的图形图像处理和出版软件的供应商——Adobe公司开发的。PageMaker是Adobe公司推出的一种版式设计软件，自问世以来便以强大的排版功能、高质量的输出效果及颜色管理功能备受好评，并因此成为业界的标准。而InDesign则是继PageMaker之后，Adobe公司推出的又一超强的版式设计软件，在不久的将来，InDesign将会取代PageMaker的位置，并成为桌面排版软件的终结者。

本书的结构

本书共分为10章，第1~2章从版式设计的基本理论知识入手，配以大量的典型示例图，深入浅出地讲解了版式的基本概念、设计原则、表现形式以及设计元素等入门知识，让读者能够对版式设计有一个较为具象的认识，并为后面学习软件技术及实际操作打下基础；第3~10章是本书的理论+实例章节，其中第3~5章是使用PageMaker设计了产品广告、图书版式以及书籍封面，第6~10章是使用InDesign设计了两款宣传品、一则封面及一幅广告作品。

本书的特色

在本书的实例章节中，通过合理地划分章节结构，精心地选择案例，独具特色地将理论与实例融合在一起进行讲解，使读者在学习的过程中，既可以得到一个完整的设计作品，同时又可以学习到软件的绝大部分知识，真正达到同步学习软件技术与实际操作的目的。

另外，本书在部分章节中穿插讲解了与实例相关的理论知识。例如在第5章讲解封面设计实例中，就在第5.1~5.5节中介绍了封面的基本概念、构成以及常用术语等内容，以帮助读者更透彻地学习相关领域的知识。

学习环境

本书所使用的软件版本分别是PageMaker 6.5C中文版及InDesign CS2中文版，操作系统为Windows XP SP2。由于Adobe公司的软件具有向下兼容的特性，因此如果读者使用的是PageMaker 6.x或InDesign CS等早期版本，也能够使用本书学习，只是在局部操作方面可能略有差异，这一点希望引起读者的关注。

沟通方式

限于水平与时间，本书在操作步骤、效果及表述方面定然存在不少不尽如人意之处，希望读者来信指正，编者的邮箱是Lbuser@126.com。

本书作者

本书是集体劳动的结晶，参与本书编著的人员有：李鹏、姚予疆、胡柳、曹云生、雷剑、吴腾飞、雷波、左福、范玉婵、刘志伟、李美、邓冰峰、詹曼雪、黄正、孙美娜、刑海杰、刘小松、陈红艳、徐克沛、吴晴、李洪泽、漠然、李亚洲、佟晓旭、江海艳、董文杰、张来勤、刘星龙、边艳蕊、马俊南、姜玉双、李敏、邰琳琳、卢金凤、李静、肖辉、寿鹏程、管亮、马牧阳、杨冲、张奇、陈志新、刘星龙、孙雅丽、孟祥印、李倪、潘陈锡、姚天亮等。

版权声明

本书光盘中的所有素材图像仅允许本书的购买者使用，不得销售、网络共享或做其他商业用途。

编　者

2009.6

目　　录

第1章 版式设计概述

要 求

■ 熟悉版式设计初步理论知识。

知识点

■ 了解版式设计的基本概念。

■ 熟悉版式设计的原则。

■ 熟悉版式设计中的最佳视阈。

■ 熟悉版式设计的基本形式。

重点和难点

■ 熟悉版式设计的原则。

■ 熟悉版式设计中的最佳视阈。

■ 熟悉版式设计的基本形式。

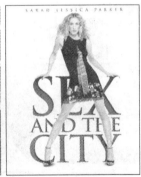

1.1　版式设计的基本概念

　　版式设计，即印刷物页面的排版设计，它是经过多年发展，逐渐形成的一个独特的设计领域。版式设计主要针对版面中出现的图片与文字，其目的是使各种图片与文字元素经过设计师编排后，能更好地体现印刷物版面的内容与所要表达的主题。

　　从某种程度上来说，版式设计是一种文字与图片在特定空间内的造型艺术，设计师通过一定的手法有效地在一个空间内将各种元素组织在一起，最终使版面显得或丰富灵活，或多彩多姿，或庄重沉稳，不仅提高了读者的阅读兴趣，更使读者在阅读过程中从视觉上感受到了整个版面所希望表现或传达的主旨。

　　好的版式设计能够清晰明了地给读者提供明确的视觉方向，使阅读的视线自然而然地跟随设计师规划的视觉流程前进，并使读者在阅读与欣赏中感受作品的主题。

　　由于版式设计的核心是将文字、图片等版面构成要素合理地组织在一起，因此版式设计有时也被称为编排设计。

　　例如图1.1中所示的广告、包装、封面以及宣传册等作品，均由设计师对版面进行了合理的编排。

　　从这些作品可以看出，有些作品的构成元素较多，有些作品的构成元素较少，但无论元素是多是少，设计师都找到了一种完善的构成方式，有效地将这些元素组织在了一起，形成了有序、丰富而简练的版面构成。

图1.1　版面编排作品欣赏

1.2　版式设计的原则

法无定法，美无常态，每一个人都有与众不同的审美观，因此一份设计师自认为出众的版面设计作品，可能并不能获得每一个人的认可。因此，设计师的任务就是使版面作品获得大多数读者的认可，从这一点来说，遵循以下公认的在进行版式设计时应该考虑的设计原则，能够帮助设计师较容易地获得漂亮、实用，且能够为大多数人接受的版面设计作品。

1．主题鲜明突出

版式设计的目的之一是使版面有条理清晰，能够更好地突出主题，达到最佳的表现效果，增强版面对读者的吸引力，增进读者对内容的理解。

要达到这一目的，可以采取以下几种方式：

■ 按重要性或能够产生好的说明效果的原理进行编排，使最重要的主体成为视觉中心，以鲜明地表达主题思想，如图1.2所示。

图1.2　放大的主体成为视觉中心

■ 将文案中多种信息作为整体编排设计，以便于建立主体形象或主题思想，如图1.3所示。

图1.3　将文案中多种信息作为整体编排设计

■ 在主体形象四周增加空白区域，使被强调的主体更加突出，如图1.4所示。

图1.4　在主体形象四周增加空白区域

2．形式与内容统一

版式设计所追求的表现形式必须符合版面所要表达的主题，这是版式设计的前提。

只追求完美的表现形式而使表现形式脱离了表现内容，或者只求内容的完整而不考虑艺术的表现形式，都是失败的版式设计作品。

只有将二者统一，再融入设计者的理念，找到一个符合两者要求的完美表现形式，版式设计才能够体现出其独特的价值。

3．强化整体布局

在版式设计中，文字、图片与颜色是需要处理与编排的三大构成要素，对这三者之间的关系必须进行一致性的考虑。例如，如果版面所表现的主题与自然、环保有关，则文字的颜色不宜使用红色等过于激烈的颜色。又如，当版面中文字较少时，则需要以周密的图片布置形式和定位来获取版面的整体感。

除此之外，许多印刷出版物不是只有一页，因此每一页的风格与特点也需要进行整体考虑。例如，对于连页与展开页，不能设计完左页再考虑右页，这样会造成松散、不连续的情况，从而破坏版面的整体性。

在获取版面的整体性方面，可以从以下几个方面来考虑：

■ 加强版面整体的组织结构及方向性视觉流程，如水平结构、垂直结构、斜向结构、曲线结构等，如图1.5中左图使用横向并排排列的图片加强了横向视觉流程，右图使用加粗

图1.5　加强版面方向性视觉流程

加黑的标题文字加强了竖向视觉流程。

■ 加强版面的整合性，将版面中多种信息组合成块状，使版面更加有条理，如图1.6中左图使用方形图块，右图使用不同底色的色块将信息合理地组织在一起。

图1.6　加强版面的整合性

■ 加强展开页的整体性，无论是产品目录的展开页版，还是跨页版，均应该设计为同一种视觉流程，如图1.7所示。

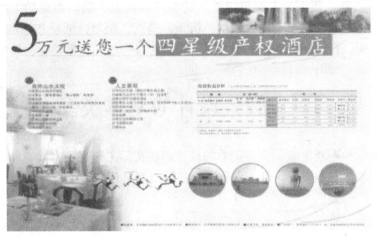

图1.7　同视线版面

4．突出美感

在版式设计的艺术形式上，突出美感是非常重要的一条原则。突出美感，即用各种手段营造出一种与内容相适应的气氛，满足读者的审美心理要求，使读者在轻松愉快的心境下进行阅读。

因此，版式设计要做到美观大方，工巧不俗，讲究艺术。而要做到这些，就要在版式设计艺术形式下贯彻美学的原则。

设计师要运用一些形式美学原则或抽象的艺术规范，去控制和调整全部版面的节奏，并使版面布局美观大方，结构紧凑和谐。而要做到这一点，设计师就要不断提高美学修养，增强审美意识，以及不断补充其他方面的专业知识和技能。

1.3　版面的最佳视阈

心理学家葛斯达认为：版面的上部比下部的注目价值高，左侧比右侧的注目价值高。因此，版面的左上侧位置最引人注目，这一位置也成为安排广告主要内容的最佳版面位置，这样可使广告主次分明、一目了然。

进行版式设计时，设计师应充分考虑最佳视阈的价值，从而将重要的信息或视觉流程的停留点安排在注目价值高的位置，如图1.8所示为版面的不同位置的注目程度百分比。

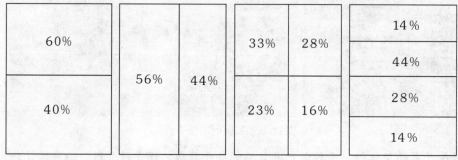

图1.8　注目程度百分比

除了注目程度外，版面的不同位置给人的心理感受也不同。版面的上部给人轻快、飘浮、积极高昂之感；版面的下部给人压抑、沉重、消沉、限制、低矮和稳定之印象；版面的左侧使人感觉轻便、自由、舒展，富于活力；版面的右侧使人感觉紧促、局限却又庄重。

1.4　版式设计的基本类型

随着版式设计的不断发展，众多优秀的设计师在实际工作过程中，总结归纳出了一些常见且常用的版面编排基本类型，以下将分别对各种类型进行介绍。

1.4.1　规则型

规则型版式常用于书籍、杂志及报刊等出版物，是最大众化的一种版式类型。它只能够在页眉、页脚、页码、扉页以及标题上进行变化，或有规则地将文章进行分栏编排，从而在整体版面上给人一种严谨、和谐、理性的美感。如图1.9所示为两则规则型书籍版式设计作品。

1.4.2　满版型

满版型即用一幅或几幅图片充满整个版面，使读者获得直观、强烈的视觉传达效果。在文字的编排方式上常采用文字压排图像中间或一角的方式。这种编排方式的目的在于以良好的图片质量或精巧的图像特效、创意来吸引读者的目光，以图像的内容为主要诉求方式，最后配合文字以说明版面表达的主题。满版型是多数广告及海报常采用的方式，效果如图1.10和图1.11所示。

图1.9　规则型版式设计

图1.10　满版型1

图1.11　满版型2

这种编排的重点在于选择与制作表现创意的图片，图片艺术质量的高低十分关键。

1.4.3　上下分割型

上下分割型即将整个版面分为上、下两个部分，在上半部分或下半部分放置一幅或多幅图片，另外一部分则以通栏或双栏、三栏的方式编排文字，如图1.12所示。

图1.12　上下分割型

　　这种编排类型具有良好的稳定感，首先用图片吸引读者的注意力与兴趣，然后利用标题诱导读者注意说明文字。

　　由于读者的视线是自上而下有顺序地流动的，这符合人们认识事物的心理顺序、思维活动和逻辑顺序，因此这种编排类型能产生良好的阅读效果，故而被广泛地运用于编排设计。

1.4.4　左右分割型

　　左右分割型即将整个版面分割为左、右两个部分，分别用于放置图片与文字。在编排方式上，可以采取一侧放置图片，另一侧放置文字的方法，如图1.13所示。

图1.13　左右分割型

　　由于人们的视线一般首先对准版面的左上方部位，因此，这种编排十分符合读者的视觉流动顺序。视线流程一般从左侧图片开始，然后导入右侧标题并进入说明文字，最后到商标，能合理地引导阅读者的视线完成整个浏览过程。

1.4.5　中轴型

将图片或文字作为整个版面的轴线进行排列，其他版面的元素放置在版面的另一部分，这种版面由于具有很强的对称性，因此极易给人一种平稳、可信的感觉，如图1.14所示。

图1.14　中轴型

在安排构成要素时要考虑最佳视阈，将广告的诉求重心放在左上方或右下方，使读者的视线一开始就能投向版面的重心，抓住商品视觉的主要部分，并以此来引导视线流动，使读者获得完整的信息。

1.4.6　曲线型

曲线型即将文字或大量图片以一种曲线化的视觉流程进行编排，从而在视觉上给人一种流动感，并使整个版面显得有韵律与节奏，如图1.15所示。

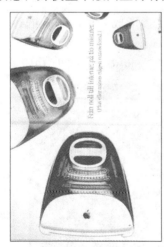

图1.15　曲线型

1.4.7 对称型

创建对称版式的方式有很多种，除了前面曾介绍过的轴线性对称外，还可以在水平或垂直的方向上采用图、文、图或文、图、文的三明治式编排方式。

对称的版面容易给人一种安全、稳定的感觉，在处理构成对称版面的元素时，可以经过编排使这些元素具有绝对的对称感觉，也可以通过调整颜色的轻重感、文字的粗细与字号的大小造成相对的对称感觉，具体采用哪一种方法需要视作品的内容而定，如图1.16所示。

图1.16　对称型

1.4.8 重心型

在此所指的重心并非是指物理概念上的重心，而是指通过编排使版面有一个视觉的重心，例如，在一个空白的版面上只有一个黑点，那么这个点不论出现在什么位置，这个位置都能够很自然地成为整个版面的视觉重点，也就是整个版面的中心。

在处理手法上，可以通过以下两种方法创建版面的重心：

① 将所有视觉元素向版面要突出的元素聚拢，使视觉元素形成一种向心式的运动趋势，如图1.17所示。

② 通过编排使视觉元素离开版面的重点，形成一种向外扩散型的感觉，如图1.18所示。

图1.17　向心型　　　　　　　　　　　图1.18　离心型

1.4.9 三角型

在所有的基本几何图形中，正立的三角型最容易给人一种安全与稳定的感觉，如图1.19所示，因此通过一定的编排使整个版面呈现三角型效果，能够增强读者对版面所要表达的内容的信任感与可靠感。反之，如果希望创建一种不稳定、危险的感觉，或希望使用倒三角型强化视觉流程，则只需要将视觉元素编排起来构成一个倒三角即可，如图1.20所示。

图1.19　正三角型　　　　　　　　　　　　图1.20　倒三角型

1.4.10 自由型

在一个崇尚个性的时代，版面的设计也可以采用以下介绍的自由型版面，这种版面的设计不拘一格，没有固定的表现形式，整个版面看上去活泼、轻快、自然，如图1.21所示。

图1.21　自由型

1.4.11 四角型

四角型即在版面的四个角及四角的连接线上编排视觉元素，这样的版面容易使人的注意力集中在两条对角线的交点，即版面的中心位置，但在给人感觉规范、稳定的同时，整个版面会略显死板，如图1.22所示。

图1.22　四角型广告

1.5　练　习　题

1．下列符合版式设计原则的有（　　）。

A．主题鲜明突出　　　　　　　　　B．形式与内容统一

C．强化整体布局　　　　　　　　　D．突出美感

2．下列属于版式设计的基本类型的有（　　）。

A．规则型　　　　　　　　　　　　B．曲线型

C．重心型　　　　　　　　　　　　D．四角型

3．以心理学家葛斯达的理论，下列关于最佳视域的说法正确的是（　　）。

A．版面的上部比下部注目价值高

B．版面的左侧比右侧注目价值高

C．版面的右上方注目价值较高

D．版面的左上方注目价值较高

4．下列关于版式设计的说法正确的是（　　）。

A．简单地说，版式设计就是各种视觉元素经过美术编辑编排后，所形成的整体布局，是印刷出版物所要表现的内容在风格上的综合体现

B．版式设计是一种造型艺术，通过一定的手法，有效地将各种构成元素组织在一起，从而使作品显得多彩多姿，提高了读者的阅读兴趣

C．版式设计能够给读者提供明确的视觉方向，好的版式设计能够清晰明了地表明哪个元素最重要，读者应按什么顺序来观看设计作品

D．版式设计的实质是将文字、图片等版面构成要素合理地组织在一起，因此版式设计也被称为编排设计

第2章 版式设计中的重要元素

要 求

- 熟悉版式设计中运用的重要元素。

知识点

- 熟悉文字元素在版式设计中的运用。
- 熟悉图像元素在版式设计中的运用。
- 熟悉色彩元素在版式设计中的运用。

重点和难点

- 文字元素在版式设计中的运用。
- 图像元素在版式设计中的运用。
- 熟悉色彩元素在版式设计中的运用。

2.1   文字元素的运用

　　文字在任何出版物中的作用都是毋庸置疑的，优秀的文字编排也是美化文字并吸引读者目光的关键要素之一，本节将介绍文字基本属性及段落属性在版式设计中的作用。

　　如图2.1所示为一些文字属性设计优秀的作品。

图2.1   文字设计示例

2.1.1   字符属性对版面的影响

　　字号、字体是版面编排时最常关注的几个基本文字特征，通常，不同的字体和字号能够表达出不同的含义，下面将分别对其进行介绍。

1．字号

　　对于一个出版物中的文字来说，当用作书籍中的标题、广告的标语以及宣传的口号等时，可以采用较大的字号，以便给予读者提示和引导，如图2.2所示。

　　当用作书籍中的正文、广告中的说明文字等时，可采用较小但阅读性较好的字号进行编排，如图2.3所示。

图2.2 较大的字号　　　　　　　　　　　图2.3 较小的字号

在版式设计的过程中，必须要熟练地选择合适的字号。例如为了醒目，标题用字的字号一般应该为14点以上，而正文用字一般为9～12点，文字多的版面，字号可以缩小至7～8点，需要注意的是，字号越小，在视觉上整体性越强，但阅读效果也越差，因此不适合用于需要进行长时间阅读的文字段落。

2．字体

字体是指文字的风格款式，不同的字体表现出的风格也不相同，而一款字体的风格就决定了它适用于哪种风格的版式。例如对于中国传统的商品，较适合使用楷体、隶书等字体；对于现代商品则较适合使用等线体及黑体等字体。当主题是标语式的文字时，可使用宽粗醒目的综艺、大黑体等；当主题偏于陈述及理性内容时，可使用宋体、等线体等标准字体。

根据每一种字体所具有的特点及其所能够体现出的情感，针对具有不同内容、主题的版面，我们都应该慎重地选择适合的字体。文字的字体选择是否得当，将直接影响到整个版面的视觉效果与主题传达效果。

以下将分别介绍中文与英文两种不同文字的字体特点。

（1）中文字体

通常较为常用的字体主要有黑体、楷体、宋体以及隶书等标准字体，另外，一些具有更多特色的字体，例如金书体、柏青体、立黑体、准圆体、综艺体以及水滴体等，也逐渐被读者所接受，正广泛地应用于各类版式设计作品中。

以下将简单介绍中文字体中常用字体的特点。

- 隶书：隶书的特点是将小篆字形改为方形，笔画改曲为直，结构更趋向简化。横、点、撇、拣、挑、钩等笔画开始出现，后来又增加了具有装饰效果的"波势"和"挑脚"，从而形成一种具有特殊风格的字体，其整体效果平整美观、活泼大方、端庄稳健、古朴雅致，是在设计中用于体现古典韵味时最常用的一种字体，如图2.4所示。
- 小篆：秦始皇统一六国后，经过李斯等人对秦文进行收集、整理、简化后，将其称为小篆。小篆是古文字史上第一次文字简化运动的总结。小篆的特征是字体竖长、笔画粗细一致、行笔圆转、典雅优美。小篆的缺点是线条用笔书写起来很不方便，所以在汉代以后就很少使用了，但小篆在书法印章等方面却得到了发扬，其效果如图2.5所示。

■ 楷书：楷书即楷体书，又称"真书"、"正书"、"正楷"，最初用于书体的名称。楷书在西汉时开始萌芽，东汉末成熟，魏以后兴盛起来，到了唐代，楷书进入了鼎盛时期。楷书的特点是字体端正、结构严谨、笔画工整、多用折笔、挺拔秀丽，楷书效果如图2.6所示。

图2.4　隶书　　　　　　　　图2.5　小篆　　　　　　　　图2.6　楷书

■ 草书：草书即草体书，包括章草、今草、行草等。始创于东汉，是由楷书演化而成的，发展到现在，草书又分为小草、大草和狂草等。由于草书字字相连、变化多端较难辨认，因此在设计中多将其作为装饰图形来处理。

■ 行书：行书即行体书，是兴于东汉，介于草书和楷书之间的一种字体，行书作为一种书体，在风格上灵活自然、气脉相通，在设计中也很常用，如图2.7所示。

■ 黑体：黑体是因笔画方黑粗壮而得名，它的特点是横竖笔画精细一致、方头方尾。黑体字在风格上显得庄重有力、朴素大方，多用于标题、标语、路牌等的书写，如图2.8所示。

■ 准圆体：准圆体是近代发展起来的一种印刷字体，由于准圆体文字圆头圆尾，笔画转折圆润，因此许多人都感觉准圆体较贴近女性特有的气质，其效果如图2.9所示。

图2.7　行书　　　　　　　　图2.8　黑体　　　　　　　　图2.9　准圆体

除上述字体外，舒体、姚体、彩云体等字体也各具有不同的特点，能够应用在不同风格的版面中，如图2.10所示。

舒体　　　　　　　　姚体　　　　　　　　彩云体

图2.10　其他字体

> 提示：在一个版面中，选用2～3种字体为版面最佳视觉效果。超过3种以上则显得杂乱，缺乏整体感。要达到版面视觉上的丰富与变化，只需将有限的字体加粗、变细、拉长、压扁，或调整行距的宽窄，或变化字号大小。

（2）英文字体

在设置英文字体时，可以根据版面风格的需要来选择合适的字体，如图2.11所示，英文文字所应用的字体名称为"English111 Vivace"，这种字体能够展示出一种浪漫的气息。如图2.12所示，英文文字所应用的字体名称为"Times New Roman"，这种字体是最为常用而且也是最为正规的一种字体，常用于英文的正文。

如图2.13所示，英文文字所应用的字体名称为"Impact"，这种字体由于笔画较粗，因此在使用方面有些近似于中文字体中的黑体。与之类似的常用字体还有"Arial"及"Arial Black"，如图2.14所示为将字体设置为"Arial"时的效果。

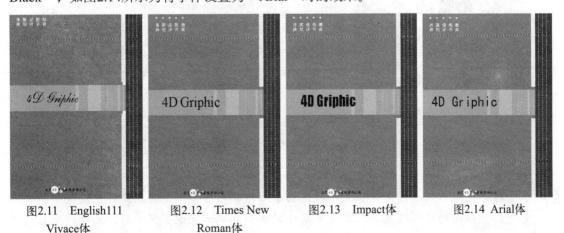

图2.11　English111　　图2.12　Times New　　图2.13　Impact体　　图2.14　Arial体
Vivace体　　　　　　　Roman体

除此之外，英文字体中还有能够增强版面横向视觉流程的英文字体，其效果如图2.15所示，以及能够增强版面竖向视觉流程的英文字体，其效果如图2.16所示。

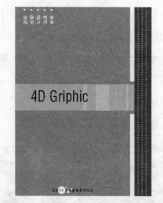

图2.15 增强横向视觉流程的字体　　　　图2.16 增强竖向视觉流程的字体

2.1.2 段落属性对版面的影响

设置文字的字体及字号等属性，对于单独存在或表现的文字具有很重要的意义。

但在许多出版物中文字都是成段出现的，因此必须要设置整个文字段落的相关属性，才可以起到优化版面整体效果的作用。

在设置文字段落属性的过程中，以设置对齐方式最为重要，较常用的段落对齐方式主要有左右均齐、居中对齐以及齐左或齐右3种。

■ 左右均齐：使用此种对齐方式，可以使文字段落的首尾排列整齐，远观文字段落，整个版面显得端正、严谨、美观，这种排列对齐方式也是目前书籍、报刊及出版物中最常用的一种对齐方式，如图2.17所示。

图2.17 左右均齐

■ 居中对齐：此种对齐方式是让文字以版面中心为轴线对齐。其特点是视线更集中、中心更突出、版面的整体性更强。用文字居中对齐排列的方式配置图片时，文字的中轴线可以与图片的中轴线对齐，以取得整齐划一的版面效果，如图2.18所示。

图2.18　居中对齐

- 齐左或齐右：齐左或齐右的排列方式使文字段落看上去有松有紧、有虚有实、有较强的节奏感，如图2.19所示。

图2.19　左、右对齐文字示例

2.2　图像元素的运用

通常情况下，图像对作品是否具有吸引力起着决定性的作用，这其中除了图像自身的原因外，其摆放的位置及尺寸等属性也对作品的呈现效果起着非常大的作用。以下将分别介绍图像的位置以及图像的尺寸等与图像编排有关的具体内容。

2.2.1　图像位置对版面的影响

由于图片在版面中往往起着吸引读者目光的重要作用，因此其位置会影响到整个版面的视觉流程。

对于初步学习版式设计的学习者而言，往往难以确定图片在版面中的位置，但如果在设计时考虑运用下面介绍的3种图片的位置法则，便不难确定图片的位置。

1．四角型

在版面结构布局上，四角与对角线十分重要。四角是表示版心边界的四个点，把四角连接起来的斜线即对角线，交叉点为几何中心。布局时，通过四角和对角线的结构求得版面多样变化的结构形式。

图2.20所示为四角型结构的示意图。图2.21所示为使用这种结构的示例广告图。

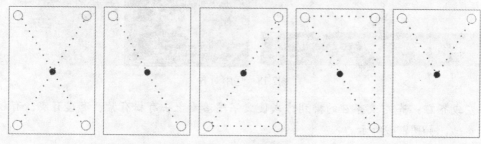

图2.20　结构示例

图2.21　四角型示例广告

2．中轴型

在中轴型位置法则中，主要通过中轴四点的变换来产生丰富的版面效果。中轴四点指经过版面几何中心的垂直线和水平线的端点。中轴四点可产生横、竖居中的版面结构，其四点（上、下、左、右)可略有移动。

如图2.22所示为中轴型结构的示意图，如图2.23所示为使用这种结构的示例广告图。

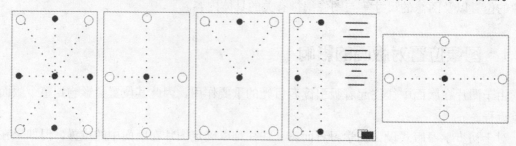

图2.22　结构示例

图2.23　中轴型示例广告

3．综合型

虽然四角型、中轴型的图像布置方法较为简单，但变化却很丰富，对一些较为简单或常规的页面，只要以这些点为中心，就不难设计出漂亮的版式。

如图2.24所示为综合型结构的示意图，如图2.25、图2.26所示为使用这种结构的示例广告图。

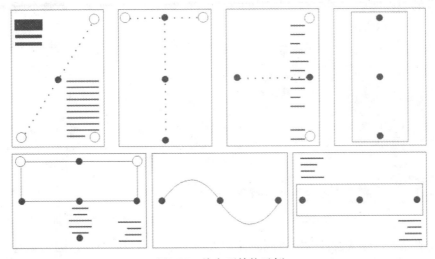

图2.24　综合型结构示例

图2.25　综合型示例广告1

图2.26 综合型示例广告2

2.2.2 图像尺寸对版面的影响

版式设计中，图像面积是一个值得关注的问题。

使用大的图像面积，能够增加版面的注目程度，使版面具有更好的感染力，如果图像以人作为主体，这种效果就会更为强烈，如图2.27所示。

如果版面中要应用的图像较多、较杂，则应该缩小图像的面积，将图像穿插于文字段落之中，这样的版面能够使图像与其周围的文字快速产生呼应的效果，使整个版面看上去精致、丰富，如图2.28所示。

图2.27 面积较大的效果　　　　　　　　图2.28 文字围绕图像周围的效果

大多数情况下，版式设计时应该同时使用大面积与小面积的图像，因为只有大面积的图像，整个版面看上去会显得空洞，而只有小面积的图像，整个版面又会显得小气、拘谨，如图2.29所示。

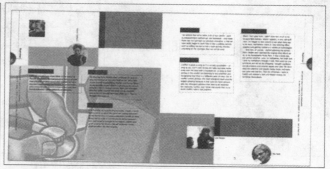

图2.29 图像大小的对比效果

2.3   色彩元素的运用

2.3.1   版面中的色彩运用法则

只有正确地选择、运用颜色，才能完整准确地表达出图像的意境。颜色运用得好，可以使人赏心悦目；反之则会使人产生厌恶的感觉。实际上，正确运用颜色不仅在使用Photoshop绘图时非常重要，在服装设计、家居设计、产品设计时也同样重要，因此掌握正确运用颜色的方法非常重要。

设计时要注意下列几点，才能提高作品的视觉效果，完美地表达设计主题。

2.3.2   主调

主调是指画面色彩的整体色彩关系基调，是一幅作品总的色彩倾向，类似于乐曲中的主旋律，是作品能够成功的关键因素之一。一幅好的图像，色调倾向一定是非常鲜明的，如图2.30所示。

图2.30   主色调明确的作品

如果作品中的颜色运用没有主次，主色调不明显或颜色搭配得不够协调，作品就会显得零乱，从而体现不出图像的完整性与意境。因此，在设计制作作品时，应该首先考虑目标受众的审美取向，以确定整体色调。例如，面向儿童的作品，应该是明快、鲜艳的基调，而如果制作的是环保类招贴，可以考虑将蓬勃的、展示生命活力的绿色作为主色调。

2.3.3   平衡

配色的平衡是指将两种以上的颜色放在一起，其明暗、大小、位置给人在视觉上的平稳、安定的感觉。一般说来，色彩的明暗轻重和面积大小是影响配色的基本要素，其原则是：

- 纯色和暖色比灰调色和冷色面积要小一些，容易达到平衡。
- 明度接近时，纯度高的色比灰色调的面积小易于取得平衡。
- 明度高的色彩在上，明度低的色彩在下，容易保持平衡，如图2.31所示。

图2.31　平衡手法

2.3.4　节奏

在用色时注意按节奏使某一种或几种颜色重复出现，以交替和渐变的形式形成律动感、韵感和动感。例如，通过疏密、大小、强弱、反正等形式的巧妙配合，可以使画面产生多层次的韵律感，在视觉上带给人一种有生气、有活力、跳跃的效果，从而减少视觉疲劳，如图2.32所示。

图2.32　注重色彩节奏的作品

2.3.5　强调

在有限的空间里加以强烈、醒目的色彩，使其成为画面视觉中心，引起读者的阅读兴趣，如图2.33所示。

图2.33　强调手法

2.3.6 分割

　　分割使对比过弱的色彩鲜明突出、对比过强的色彩调和统一。分割主要使用黑、白、灰三种颜色，以便取得鲜明而和谐的效果。恰当运用金、银色分割，可取得华丽、典雅的效果，如图2.34所示。

图2.34　分割手法

2.4　练　习　题

　　1．在进行版式设计时，通常使用下列哪几种段落对齐方式？（　　　）

　　A．左右均齐　　　　B．居中对齐　　　　　　C．齐左对齐　　　　　　D．齐右对齐

　　2．按照图片摆放位置的不同，版面可以分为哪些类型？（　　　）

　　A．四角型　　　　　B．多面型　　　　　　C．中轴型　　　　　　D．综合型

　　3．下列关于色彩的说法错误的是（　　　）。

　　A．主调是指画面色彩的整体色彩关系基调，是一幅作品总的色彩倾向

　　B．配色的平衡指两种以上的颜色放在一起，其明暗、大小、位置给人在视觉上的平稳安定的感觉

　　C．仅在使用单色的情况下，才能够表现出色彩的节奏感

　　D．分割使对比过弱的色彩鲜明突出、对比过强的色彩调和统一

　　4．下列属于影响版面设计关键元素的有：（　　　）

　　A．文字元素　　　B．印刷元素　　　　　C．图像元素　　　　　D．色彩元素

　　5．下列关于图像对版面影响的说法错误的是（　　　）。

　　A．对于一个版面来说，图像越大越好

　　B．图像对于版面设计非常重要，但并非不可或缺

　　C．使用大面积的图像，能够增加版面的注目程度，使版面具有更好的感染力

　　D．如果版面中要应用的图像较多、较杂，应该缩小图像的面积，将图像穿插于文字段落之中，这样的版面能够使图像与其周围的文字快速产生呼应的效果

第3章　在PageMaker中设计广告

要　求

- 掌握使用PageMaker设计广告的常用技术。

知识点

- 掌握文件的基本操作。
- 掌握浏览页面的操作方法。
- 掌握向页面中置入图像的操作方法。
- 掌握输入文字并进行格式设置的操作方法。
- 掌握创建及应用颜色的操作方法。
- 熟悉调整对象层次的操作方法。
- 掌握常用图形工具及设置相关属性的操作方法。
- 熟悉向图文框中置入文本的操作方法。
- 熟悉用制表位对齐文本的操作方法。
- 掌握导入大量文本并进行编排的操作方法。

重点和难点

- 文件的基本操作。
- 浏览页面。
- 向页面中置入图像。
- 输入文字并进行格式设置。
- 创建及应用颜色。
- 常用图形工具及设置相关属性。

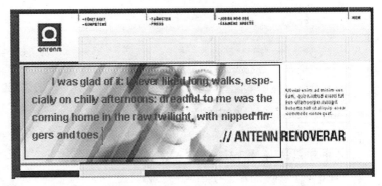

3.1 文件的基本操作

无论学习何种软件操作，首先都需要掌握文件的基本操作，比如新建、保存文件等。在本节中，我们将创建并保存一个新的广告设计文档，完成后的最终效果如图3.1所示。

图3.1 广告作品最终效果

此广告中，将结合PageMaker中的置入图像、调整对象大小、设置对象颜色、输入并格式化文字等功能，完成其中的内容。

3.1.1 创建新文件

本章制作的是以"乳牛自然之旅"为主题的广告作品，在进行所有的设计工作之前，首先，需要创建一个适当尺寸的文件。

① 按Ctrl+N组合键或选择"文件"→"新建"命令。

② 默认情况下将弹出如图3.2所示的"文档设定"对话框。

③ 在"文档设定"对话框中设置参数，如图3.3所示。

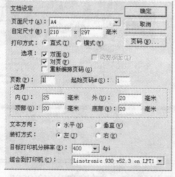

图3.2 "文档设定"对话框

图3.3 设置参数

"文档设定"对话框中的重要参数介绍如下：

- "页面尺寸"：要设定出版物的尺寸可以从此下拉列表框中选择一个标准页面大小，其中可以选择"A3"、"A4"、"A5"、"A6"、"B3"、"B4"、"B5"、"B6"、"明信片"等固定的标准尺寸。

■ "自定尺寸"：如果在"页面尺寸"下拉列表框中没有所需的页面尺寸，则可选择下拉列表框中的最后一项"自定义"，以创建自定义大小的页面尺寸，或在数值框中直接输入所需的页面尺寸即可。

提示：自定义的页面尺寸最大不能超过42英寸×42英寸即1 065毫米×1 065毫米。

■ "打印方式"：在此选项中有两种方式的页面方向，横向和纵向。如果制作的出版物的高度大于宽度，应选择"直式"，反之则选择"横式"。

■ "选项"：如果需要得到一般类型书籍的双面页面格局效果，如第40面的背面是第41面，第52面的对面页是第53面，则应选中"双面"和"对页"复选框。如果要得到单面印刷的出版物，则取消"双面"复选框的选中状态。

■ "页数"：在此文本框中输入一个数值即可预设出版物的页数。

■ "起始页码"：通常情况下此处页码号为"1"，但如果当前创建的出版物文件并非书籍的第一部分，则可以在此文本框中输入一个数值，以重新定义出版物文件的起始页码。

注意：在此输入的数值不可以大于999。

■ "文本方向"：PageMaker为中文提供了两种排列方向。选中"水平"单选按钮，则文字从左向右扩展。选中"垂直"单选按钮，则文字仍为正向，但从上到下排列。

■ "边界"：此处的数值用于控制出版物最边缘处的文字或图像距离纸张边缘的距离，此数值亦称为页边距数值。如果按图3.4所示的对话框设置各个参数值，则出版物文件的边界示意如图3.5所示。

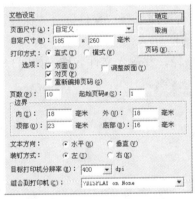

图3.4　"文档设定"对话框　　　　　图3.5　边界示意图

■ "装订方式"：PageMaker提供了两种装订方式，通常情况下横排版面在页面的左边装订，需选中"左"单选按钮，竖排的版面在页面的右边装订，需选中"右"单选按钮。

■ "目标打印机分辨率"：所谓目标打印机分辨率，即用户需在此下拉列表框中选择输出最终稿时所用打印机打印出版物时使用的分辨率（dpi）。

■ "页码"：单击此按钮后，在弹出的对话框中可以选择一个选项，以设置页码的格式。

④ 参数设置完毕后，单击"确定"按钮退出对话框即可。如图3.6所示为创建得到的新文件状态。

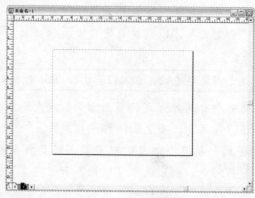

图3.6　工作界面

3.1.2　保存文件

PageMaker提供了2种保存文件的方式，即"保存"和"另存为"，本节将分别介绍它们的功能及使用方法。

1．保存

保存文件是我们必须要执行的一个操作，以上一小节新建的文件为例，要将其保存起来，可以执行以下的操作：

① 保持在上一小节创建的新文件中，按Ctrl+S组合键或选择"文件"→"保存"命令。

② 此时将弹出如图3.7所示的"保存出版物"对话框。

③ 在"保存出版物"对话框中选择文件保存的路径，并输入文件名称，如图3.8所示。

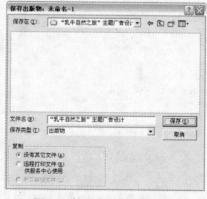

图3.7　"保存出版物"对话框　　　　图3.8　输入文件保存信息

④ 确认设置正确后单击"保存"按钮即可。

经常保存文件是一个良好的操作习惯，可避免由于意外情况，导致数据丢失。

2．另存为

选择"文件"→"另存为"命令可以用其他名字、路径或格式保存出版物文件。

3.2　观察版面效果

为了更好地完成设计作品，通常需要在制作过程中，反复查看页面的整体、局部效果，以确保作品的准确性及细致程度。此时，快捷、有效地观察版面，在一定程度上能够提高工作效率。

以下将介绍几种常用的版面查看操作方法。

3.2.1　缩放观察版面

所谓的缩放版面，就是指改变页面的显示比例，可以执行下面的操作之一：

- 使用系统菜单：在"视图"菜单中可以直接选择用于控制页面显示比例的命令，如图3.9所示。
- 使用快捷菜单：当我们使用除文字工具以外的其他任意一个工具时，在页面空白处单击鼠标右键，都会弹出如图3.10所示的快捷菜单，选择适当的命令即可调整页面比例。

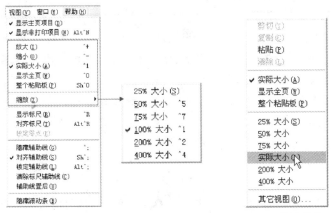

图3.9　"视图"菜单　　　　图3.10　快捷菜单

- 使用快捷键：在PageMaker中，所有关于缩放页面的命令都被集成于"视图"菜单中，而这些命令的后面都有类似"^+"或"^5"等符号，这就是与命令对应的操作快捷键，其中"^"符号代表Ctrl键，例如"视图"→"实际大小"命令后面对应的字符是"^1"，则此命令的快捷键就是Ctrl+1。
- 使用键盘及鼠标：当按住Ctrl键在页面中单击鼠标右键时，可以反复在"实际大小"和"显示全页"2个比例间进行切换；如果按住Ctrl+Shift组合键在页面中单击鼠标右键，则反复在"实际大小"和"200%"之间进行切换。

在实际工作中，往往会使用以下操作快捷键来查看页面，以提高工作效率。

- 按Ctrl++：执行放大页面的操作。
- 按Ctrl+－：执行缩小页面的操作。
- 按Ctrl+0：显示全页面。
- 按Ctrl+1：显示当前工作页面的真实大小。

- 按Ctrl+2：以200%的比例显示当前工作页面。
- 按Ctrl+4：以400%的比例显示当前工作页面。
- 按Ctrl+5：以50%的比例显示当前工作页面。
- 按住Ctrl键用鼠标右键单击页面：缩小或放大当前单击位置的页面。
- 按住Ctrl+Shift组合键用鼠标右键单击页面：以200%的比例缩小或放大当前单击位置的页面。

3.2.2 移动观察版面

当屏幕不足以显示页面中的所有内容时，可以使用以下2种方法拖动页面，以查看未在屏幕中显示出来的内容。

- 使用工具：在工具箱中选择抓手工具，按住鼠标左键直接拖动以移动页面。
- 使用快捷键：在使用除缩放工具以外的其他工具时，按住Alt键的同时在页面按住鼠标左键，此时将切换至抓手工具，拖动即可移动页面。

3.2.3 在不同文件间进行跳转

当打开了多个文件时，可以使用下面的几种方法，在各个文件之间进行切换。

- 使用系统菜单：在"窗口"菜单底部会显示出当前打开的所有文件名称，选择一个文件名称即可切换至该文件进行操作。
- 使用快捷键：按Ctrl+Tab组合键可以按照一定顺序在各个文件之间进行切换。需要注意的是，此方法较适用于打开文件较少的情况，否则需要执行多次操作才可以切换至需要的文件，因此编者仍建议使用第一种方法来切换文件。

3.3 置 入 图 像

作为一款专业的排版软件，PageMaker具备了完善的图像置入及管理系统。在本节中，我们将介绍置入图像及管理图像链接的具体操作方法。

3.3.1 置入图像的方式

通常，把图像按照置入的方式分为以下2种类型：

- 独立图像：此类图像可随意摆放位置、不受任何限制，但缺点就是无法保持相互之间以及图像与文字的相对位置不变。例如图3.11中所示的图像均为独立图像，当移动图像位置时，文本不会发生变化；同样，当修改文本时，图像也不会发生任何变化。
- 行间图像：此类图像是置于文本段落中的，虽然它不能像独立图像那样随意地摆放位置，但它可以保持与文本之间的相对位置。

图3.11　独立图像示例

　　例如图3.12所示为原页面效果，其中图像均为行间图，如图3.13所示为放大了前面4幅图像大小后的效果，可以看出，原左侧页面底部的文字已经被挤到下一页，而原本右侧页面底部的图像也被顺序挤到了下一页。

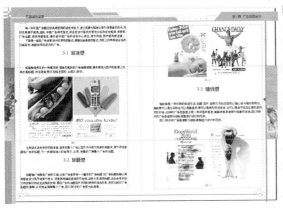

图3.12　行间图示例

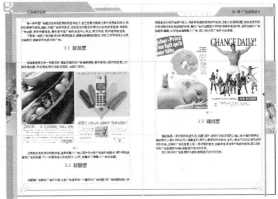

图3.13　行间图示例

　　另外，值得一提的是，通常在PageMaker中置入图像时，如果无特殊需要，应该让图像与文件处于链接状态，即文件与图像是相互独立的。PageMaker文件中只是保留了图像的一些基本信息和低质量的预览图像，当打印输出时，PageMaker会自动调用链接在磁盘上的高清晰原图像进行输出，以确保得到高质量效果。

> 提示：由于在本节中向主页添加的只有2幅图像，所以不涉及太多的图像管理操作，读者只需
> 　　　要完全按照下面的操作步骤进行操作即可。关于图像的管理操作，将在后面置入大量图
> 　　　像时进行详细介绍。

3.3.2　在文件中置入图像

　　以下将以向广告中添加图像为例，介绍置入独立图像的操作方法：
　　① 打开随书所附光盘中的文件"第3章\乳牛自然之旅主题广告设计1.p65"。
　　② 默认情况下，PageMaker是将置入的图像嵌入到当前文件中，所以需要先修改此项设置。在没有插入文本光标，也没有选择任何对象的情况下，选择"成分"→"链接选项"

命令。

③ 默认情况下，将弹出如图3.14所示的"链接选项"对话框。取消"将副本存入出版物"复选框的选中状态，如图3.15所示。单击"确定"按钮退出对话框。

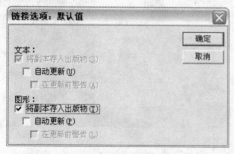 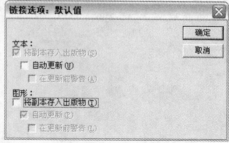

图3.14　默认的"链接选项"对话框　　图3.15　修改参数后的"链接选项"对话框

④ 按Ctrl+D组合键或选择"文件"→"置入"命令，默认情况下将弹出如图3.16所示的对话框。

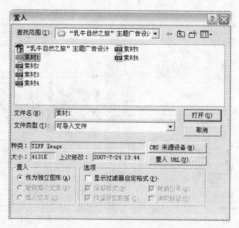

图3.16　"置入"对话框

注意：PageMaker将保留被替换图像的大小和文本绕图的形式，以及任何对原图像所操作过的旋转、倾斜或反射操作效果。例如，一个旋转了45°的图像被替换后，新的图像将具有与原图像相同的宽度与高度，并且也将被旋转45°。

⑤ 选中随书所附光盘中的文件"第3章\素材1.tif"，如图3.17所示，然后单击"打开"按钮，此时光标将自动变为如图3.18所示的状态，表现当前置入的是位图图像。

 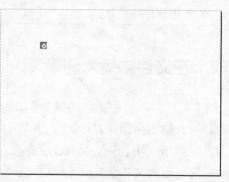

图3.17　素材图像　　　　　　　　　　图3.18　光标状态

当PageMaker将选择的图像调入内存中后，光标显示为特殊的图形光标，而且根据用户置入的图形、图像格式的不同光标也表现为不同的外观，如图3.19所示为几种不同文件格式的光标显示图形。

⑥ 在页面中单击鼠标左键后，图像即被置入到当前文件中。

⑦ 使用箭头工具 选中上一步置入的图像，按住Shift键向图像内部拖动素材图像控制句柄，将其置于页面上方如图3.20所示的位置。

位图图像

扫描图像

矢量图形

EPS图形

图3.19　各种类型的置入光标

图3.20　置入素材图像后的效果

在PageMaker中，可以对图形、图像等对象进行位移、旋转、缩放及斜切等编辑操作。在要求不精确的情况下，可以借助工具来完成位移、旋转及缩放等操作，其方法如下所述：

- 位移：要移动对象，可以使用箭头工具 ，按住鼠标左键拖动对象至目标位置即可。
- 缩放：要缩放对象，需在选中该对象的情况下，拖动对象四角上的控制句柄即可，当按住Shift键缩放对象时，可以实现等比例缩放。
- 旋转：要旋转对象，可以使用旋转工具 选中要旋转的对象，然后沿旋转角度的反方向拖动鼠标即可。当按住Shift键旋转对象时，可以沿45°方向进行旋转。

⑧ 按Ctrl+D组合键应用"置入"命令，在弹出的对话框中打开随书所附光盘中的文件"第3章\素材2.tif"，如图3.21所示，使用箭头工具 ，按住Shift键向其内部拖动素材图像控制句柄，将其置于页面右上方如图3.22所示的位置。

图3.21　素材图像

图3.22　置入素材图像后的效果

提示：上一步操作置入了一个标志图像，可以看出标志具有镂空的效果，这是因为在素材图像中执行了剪贴路径操作。

3.3.3 置入行间图

所谓的行间图，即在插入了文本光标的情况下置入的图像，在科技类图书中，这是非常常见的一种图片插入方式。其优点就在于，它将图片插入在文本段落中，所以图片可以随着文本的移动而移动，例如图3.23所示是插入了一幅大图时的状态，此时图片后面的文本均被挤至下一页中，如图3.24所示是将图片缩小后的效果。

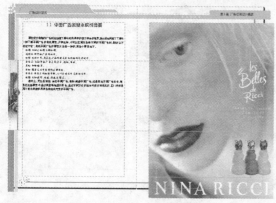
图3.23　置入图像

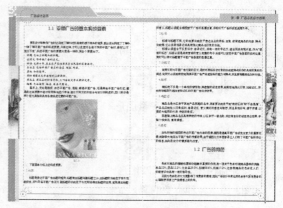
图3.24　缩小图像

3.3.4 设置链接选项

从外部置入图像时可分为2种情况，即嵌入和链接。

当选择嵌入时，图像的全部信息都将被包含在PageMaker出版物中，这样做的好处是无需担心链接图像的丢失，但坏处就是会极大地增加出版物文件的大小，所以在制作图片较多的出版物时，编者建议不要采用嵌入图像的置入方式。

当采用链接的形式置入图像时，PageMaker将建立一个指向硬盘驱动器上原文件的链接信息，如果对链接的图像进行了修改，此链接信息可以保证PageMaker将自动更新置入的图像，以确保出版物中链接的图像是最新的版本。

同时，由于链接信息的存在，用户便可以在出版物中仅存储一个低分辨率图像，从而使出版物文件的尺寸不至于太大，却不会因此影响输出的效果，因为在输出时PageMaker会依靠链接信息指向并调用硬盘中的高分辨率原文件，因此依然可以得到高质量的输出效果。

至于选择哪种方式置入图像，则完全取决于"链接选项"中的参数设置。要设置图像的链接选项，可以按照以下方法操作：

① 如果要对已置入的某个图像进行链接选项设置，可以使用箭头工具 ▶ 选中此图像，如果要对以后置入的图像进行全局的链接选项设置，则不要选中任何对象。

② 选择"成分"→"链接选项"命令，将弹出如图3.14所示的对话框。

"链接选项"对话框中分为"文本"和"图形"2个选项组，分别用于设置文本和图像的链接选项，但由于其参数及含义完全相同，所以编者将对它们进行统一介绍，其参数解释如下：

- "将副本存入出版物"：此复选框决定了被导入的文件将被保存在出版物内还是出版物外。对于文本文件通常保存在出版物内；对于图像文件最好保存在出版物外，使出版物的大小小一些，因此应取消该复选框的选择状态。
- "自动更新"：当用户在外部软件中编辑改变了置入到出版物中的对象后，选中此复选框可以让PageMaker自动更新保存在出版物内文件的副本。通常自动更新发生在重新打开出版物时。
- "在更新前警告"：选中此复选框，则PageMaker准备更新外部链接时，将弹出一个对话框，询问用户是否同意更新。

③ 如果要嵌入图像，则保持上一步对话框中的参数设置不变即可。

④ 如果要使图像与文件保持链接关系，则取消"将副本存入出版物"复选框的选中状态，如图3.15所示。

⑤ 单击"确定"按钮退出对话框即可。

3.3.5　用"链接"对话框查看图像链接状态

利用链接管理器，可以查看置入当前出版物中的所有图像、文本的链接状态，并更新和管理链接的图像文件。除此之外，既可以从当前操作的出版物中解除一个文件的链接，也可以将一个图像的链接更换成为另一个文件。

选择"文件"→"链接"命令后弹出的对话框如图3.25所示。

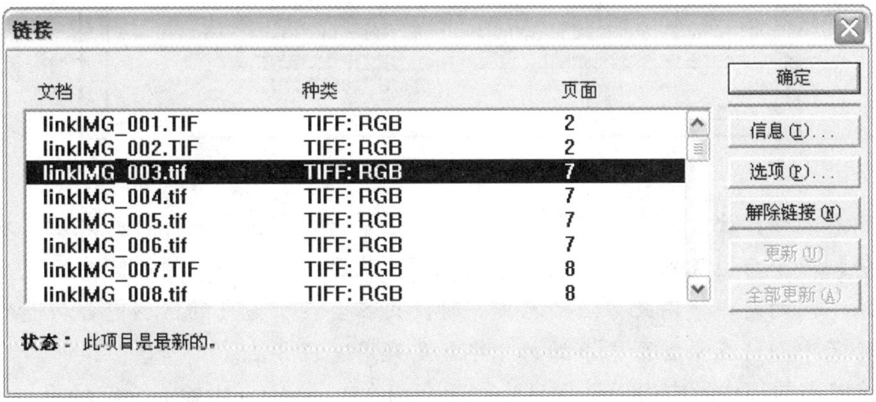

图3.25　"链接"对话框

至此为止，我们已经完成了置入广告主体图像及标志图像，并调整其位置等操作，在后面的讲解中，将继续为广告添加广告语文字、说明文字等，并对它们进行格式化处理。

3.4　文字的基本输入功能

PageMaker具有很强的文字与段落的控制功能，除了用于控制文字的字符属性及段落属性外，它还提供了"排式"这一功能，使我们可以将一系列属性保存成为一个排式，应用时只需要选中文本，然后单击排式名称即可，这一功能类似于Word中的样式。以下将初步介绍PageMaker中对于文字属性的控制。

3.4.1 添加文字

在PageMaker中使用文字工具输入文字时，按照不同的光标操作方法，可以分为以下2种方式：

- 单击输入光标：此方法是在工具箱中选择文本工具，然后在页面中单击插入光标点，即可在光标点后面输入文本，当输入文本到达一行结尾时将自行换行。用此方法输入正文文字效果如图3.26所示。

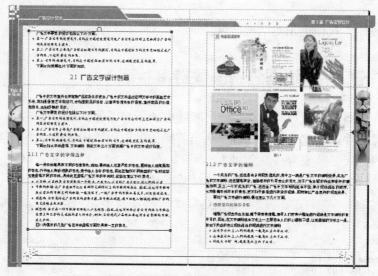

图3.26 可通过单击输入的文字

- 拖动输入光标：此方法是用文本工具在页面上单击后不松开鼠标，并向任意方向拖曳鼠标，得到一个与拖曳区域大小相同的文本框，然后在文本框中输入需要的文字。与前一种方法不同的是，使用此方法输入文字时，文本会在所拖曳的区域内自动进行换行。例如本小节中即将在章首页中添加的文字就是采用这种方法。

以下将以当前制作的广告设计作品为例，介绍在PageMaker中输入文字的操作方法。

① 打开随书所附光盘中的文件"第3章\乳牛自然之旅主题广告设计3.p65"。

② 在工具箱中选择横排文字工具 T ，显示"控制"面板，单击其左侧的 T 按钮，使我们可以对文字格式进行设置，此时的"控制"面板如图3.27所示。

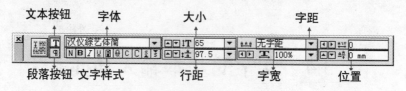

图3.27 "控制"面板

③ 使用横排文字工具 T 在页面中间偏右侧的位置，拖曳出一个文本框，然后在其中输入文字，如图3.28所示。

图3.28　输入文字

3.4.2　设置字符格式

在任一一个出版物中，文字格式的设置都显得非常重要。对于不同类型的文字需要赋予其相应的格式，才能体现出文字本身的功能及特性，例如标题及标语性质的文字应该大而醒目，说明文字则应该清晰、整齐，用于提示或说明注意事项的文字则应该与说明文字有一定的区别，并能够引起读者的注意。

在 PageMaker 中，"文字规格"对话框中包含了所有用于设置字符格式的参数。按 Ctrl+T 组合键或选择"文字"→"字符"命令，即可调出如图3.29所示的对话框。

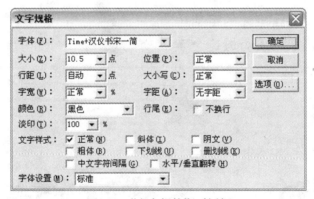

图3.29　"文字规格"对话框

"文字规格"对话框中的重要参数解释如下：

- "位置"：在此下拉列表框中有三个选项，分别是上标、下标或正常文字。
- "行距"：在此组合框中选择或输入数值，可以增大或减小每行文字之间的距离。例如图3.30所示为原文字及减小行距后的效果对比。
- "大小写"：此下拉列表框对英文文字适用，可以按需要改变在拼写时大小写不一的英文字母。"正常大写"选项用于将文本行中大小写不一的文字全部转换成为大写，"小型大写"选项用于将文本行中大小写不一的文字全部转换成为小型的大写，即大写字体但字号比正常大写小一号。例如图3.31所示为应用"正常大写"选项后的效果。

图3.30　字号相同行距不同的文字效果对比　　　　图3.31　大写英文字效果

- **"行尾"**：选择"不换行"复选框，可以使选中的文字要么都换行，要么都不换行，总之始终保持在一起，不会因为行文字的增加或减少而从中间被拆开换行。除非人为在中间添加回车换行。

- **"文字样式"**：在"文字"→"文字样式"级联菜单中有六个命令，可以用于改变选定的文本或下一次输入的文本的文本外观。例如图3.32所示为原文件中的状态，图3.33所示为将标题文字样式设置为"斜体"后的效果，图3.34所示为设置文字样式为"下划线"后的效果，图3.35所示为设置文字样式为"删除线"后的效果。

图3.32　原文件状态　　　　　　　　　　图3.33　斜体

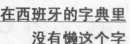

图3.34　下划线　　　　　　　　　　　图3.35　删除线

3.4.3　设计复合字体

众所周知，在书籍排版的过程中，不可避免地会遇到文字中同时存在中英文的情况，此时如果对全部的英文文字应用中文字体，得到的印刷效果不仅难看，而且还有可能出现问题；如果对全部的中文文字应用英文字体，则所有的中文内容都会以乱码显示，例如图3.36所示为使用英文字体替代了中文字体的情况下，正文中所显示出的乱码文字。

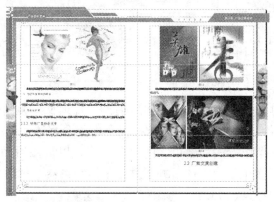

图3.36　对中文文字应用英文字体时的乱码效果

PageMaker所提供的复合字体功能就解决了这一问题。使用这一功能可以将任意一个中文和英文字体"合并"成为一个新的字体，文字内容使用了此字体后，如果遇到数字及英文内容，则自动应用英文字体，如果遇到中文内容则自动应用中文字体，从而避免中、英文内容印刷时出错。

以下将以当前制作的书籍排版文件为例，介绍创建复合字体的操作方法。

① 选择"工具"→"增效工具"→"复合字体编辑器"命令，默认情况下将弹出如图3.37所示的对话框。

② 单击对话框右侧的"增加"按钮，默认情况下将弹出如图3.38所示的对话框。

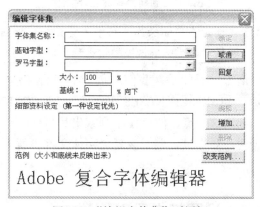

图3.37　"复合字体编辑器"对话框　　　　图3.38　"编辑字体集"对话框

③ 首先，需要在"字体集名称"后的文本框中输入新复合字体的名称。通常情况下，可以使用"英文字体名称+中文字体名称"的方式对其命名，如图3.39所示。

④ 分别在"基础字型"和"罗马字型"下拉列表框中选择需要的中文字体和英文字体，如图3.40所示。

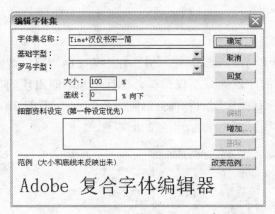

图3.39　输入字体名称　　　　　　　　　图3.40　设置字体

⑤ 设置完毕后，单击"确定"按钮退出对话框，即返回"复合字体编辑器"中，此时即可显示出刚刚创建的名为"Time+汉仪书宋一简"的复合字体，如图3.41所示。

⑥ 按照前面介绍的操作方法创建更多的复合字体，以留做后面的文字内容使用，例如图3.42所示为编者创建了多个复合字体后的"复合字体编辑器"对话框。

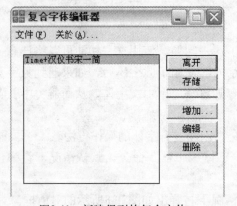

图3.41　新建得到的复合字体　　　　　　图3.42　创建多个复合字体

> 提示：读者在实际操作过程中不需要一次性创建上图所示的那么多复合字体，在以后的工作过程中，可以根据实际情况创建新的复合字体或使用已有的复合字体。

值得一提的是，我们所创建的复合字体，都会以文件的形式被保存起来，那就是位于\PM65C\RSRC\CHINESES目录下，名为COMPFONT的文件。

利用这一点，便可在印刷或出片打样时，将保存了复合字体的文件一同交予印刷厂或出片公司，对方只要调用该复合字体文件，就可以顺利地打开出版物，而不会出现缺少字体的情况。

3.4.4　设置基本段落格式

通过对一段文字进行格式化操作，可以使出版物的版面整齐、有序。通过设置段落的缩排、段落间距、对齐方式等属性，能够使段落与段落之间条理清晰、明确。可以使用以下2种方法设置文字的段落属性。

1．使用"段落规格"对话框

与"文字规格"对话框类似，"段落规格"对话框同样包含了所有用于设置段落格式的参数。按 Ctrl+M 组合键或选择"文字"→"段落"命令，即可调出如图 3.43 所示的对话框。

图 3.43　"段落规格"对话框

"段落规格"对话框中的各个重要参数及选项解释如下：

- "缩排"：在"左""首行""右"三个文本框中输入数值，将分别对所选中的段落进行左缩进、首行缩进、右缩进。例如图 3.44 所示为原图像，图 3.45 所示为将下方文字设置了"首行缩进"为 8 mm 时得到的效果。
- "段落间距"：在"段前"文本框中输入数值，将加大或减小所选段落与前一段落之间的距离，在"段后"文本框中输入数值，将加大或减小所选段落与后一段落之间的距离。例如图 3.46 所示为将黑色和白色文字的段前间距同时设置为 3 mm 后的效果。

图 3.44　原图像

图 3.45　首行缩进 8 mm

图 3.46　段前间距 3 mm

- "对齐方式"：在其下拉列表框中有"左对齐"、"居中"、"右对齐"、"齐行"和"强制齐行"五个选项，选择其中任意一项，都将使所选段落中的每一行文字执行相应的操作。例如图 3.47、图 3.48 和图 3.49 所示为分别设置了"居中"、"右对齐"和"强制对齐"后的效果。

图3.47 居中对齐

图3.48 右对齐

图3.49 强制对齐

■ "选项"：在此有七个复选框。选中"行位紧靠"复选框可以强迫该段落文本保持完整，即这段文本不会因插入图片而使其分开，如果遇到转栏或转页，该段文本将全部转至下一栏或下一页；选中"段转下栏"复选框将使文本中所选中的段落自动转至下一栏；选中"段转下页"复选框将使文本中所选中的段落自动转至下一页；在"保持续行"复选框后面的文本框中输入数值0～3，可使所选段落文本的最后一行与其下一段落的前几行保持在同一栏或同一页中不被分开；在"尾行控制"复选框后面的文本框中输入数值0～3，可以控制所选段落文本尾行的行数；在"首行控制"复选框后面的文本框中输入数值0～3，可以控制所选段落文本的下一栏或下一页的段落顶部出现本段落文本的行数；选中"包括在目录表中"复选框可以在创建目录时，将应用此样式的文字包括在目录表文字中。

2．使用"控制"面板

在选择了文字工具或使用文字工具刷黑选中文本的情况下，单击"控制"面板中的▣按钮，以进入"控制"面板，在此对段落格式进行设置，如图3.50所示。

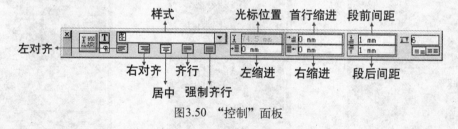
图3.50 "控制"面板

段落"控制"面板中的参数与"段落规格"对话框中的参数基本相同，故不再重述。

3.4.5 文本块控制

在学习如何控制与编辑文本块之前，首先需要了解文本块的概念。简单地说，文本块就像是一个简单的文本容器，可以通过改变它的宽度和高度来控制其所能容纳的文本数量。当移动文本块时，其内部的文本不会发生任何变化，只是位置将发生变化。

所有文本块的共同特点就是，当选中任意一个文本块时，其周围都会出现用于对其进行控制和编辑的控制句柄，如图3.51所示。

　　文本块可大可小，有时它可能只占页面的一部分，也有可能连续占用几页、几十页甚至更多的页面，例如图3.52所示为2个占据了整页大小的文本块。

图3.51　控制句柄与链接句柄显示

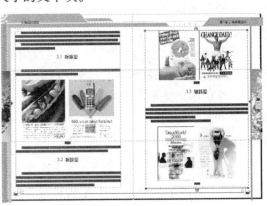

图3.52　2个占整页大小的文本块

以下将介绍文本块的一些常规操作。

1．缩放文本块

　　拖动任何一个文本控制句柄，都可以很方便地控制文本块的宽度与高度，无论是文本块的宽度发生了改变还是高度发生了改变，文本块中的文字大小都会因此而发生改变。

　　灵活运用文本控制句柄是制作版面丰富的出版物的前提条件，因为在绝大多数的出版物页面设计工作中，都必须依靠拖动文本控制句柄或文本链接句柄来制作不同的版面效果，图3.53所示即为拖动文本块的句柄所制作的版面效果。

　　PageMaker文本块的灵活性不仅仅在于用户可以很方便地控制其宽度与高度，而且还可以随意安排其位置，图3.54所示的章首页中就包括了多个文本块，在制作过程中，必须依靠文本块在位置方面的灵活性，先按需要格式化各类文本块中的文字，然后再将文本块摆放于各个位置。

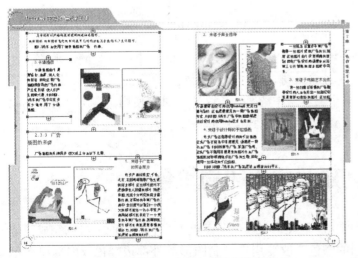

图3.53　文本句柄控制版面效果

图3.54　随意放置文本框位置

2．控制文本链接句柄

如前所述，在某些情况下，置入的文本无法在一个文本块中完全显示，在此情况下文本块下方的文本链接句柄呈现红色向下的小三角形，换言之，只要某一个文本块下方的文本链接句柄呈现红色向下的小三角形，则表示该文本块中仍有文字未显示出来。

要显示这些未完全显示的文本，可以用鼠标单击，然后在当前工作的页面或在新增页面上单击，即可显示出未显示出来的文字，当然也可以在显示时拖动此句柄以控制文本块的大小。

另外，如果文本块上方的句柄显示为形状，表示此文本块前还有前续文字，同样如果文本块下方的句柄显示为形状，则表示还有后续文字。如果文本块上方的句柄中空显示，表示此文本块前无文字，下方亦然。

> 提示：对于竖向排列的文本块则是左侧与右侧句柄。

如图3.55所示的文本块中左侧显示为一个红色的三角形句柄，表示还有文字未完全显示。如图3.56所示的文本块左侧句柄显示为形状，表示在此文本块的前后都有隶属于同一文章的文字。如图3.57所示的文本块左右方均是空的，表示它是一个独立的文本块。

当前文本块中包含未显示出的文本 →  ← 含链接文本块内容的文本控制句柄

无链接文本块内容的文本控制句柄 ←

图3.55　有未显示的文本句柄　　图3.56　有链接文本块的文本句柄　　图3.57　无链接文本块的文本句柄

3.4.6　删除文本

如果要删除一个文本块中的所有文字，可以使用箭头工具选中要删除的文本块，选择"编辑"→"清除"命令或者直接按Delete键，即可将其删除。

如果要删除的是某几个文字或一个文本块中的某一段文本，可以使用文本工具将要删除的文本选中，然后选择"编辑"→"清除"命令或者按Delete键即可。

3.5　创建并应用印刷用色

PageMaker中绝大部分颜色管理功能集成于"颜色"面板中，利用此面板可以完成新建颜色、删除某种颜色或所有未使用的颜色、改变用户绘制图形的外部边框色或内部填充色等操作。按Ctrl+J组合键或选择"窗口"→"显示颜色面板"命令，可显示如图3.58所示的

"颜色"面板。

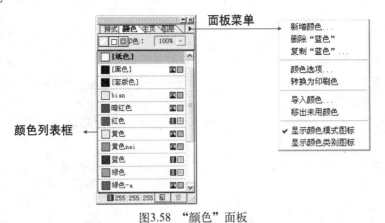

图3.58 "颜色"面板

提示："颜色"面板是我们学习的第一个面板,当单击其右上方的侧三角按钮▶时,将会弹出一个与当前面板相关的菜单。其他面板(例如"图层"面板、"主页"面板等)也都可以通过单击其右上方的侧三角按钮▶调出对应的菜单,在本书中,将这些菜单统称为"面板菜单"。

"颜色"面板中的各个组成元素的意义及重要操作如下所述:

■ "边框色"控制按钮▨:如果要改变图形的外部线条颜色,可以在图形被选中的情况下,单击此按钮,并在"颜色"面板上选取需要的颜色,则对象外部线条的颜色被改变成为此颜色。

■ "填充色"控制按钮▨:无论绘制出的图形是否闭合,在其被选中的情况下,单击此按钮并在"颜色"面板上选取所需的颜色,即可将此颜色设置为被操作对象内部填充的颜色。

■ "线条及填充色"控制按钮▨:如果需要同时改变图形的外部边框及内部填充色,可以在其被选中的情况下,单击此按钮,并在面板中选择某一种颜色,则被选中图形的外部边框色与内部填充色将同时改变为所选择的颜色。

■ 颜色列表区:在此区域内列有PageMaker内置的颜色及用户自定义的颜色。

■ 色值显示区▨255:0:0:当选中任一颜色后,在色值显示区将显示出此种颜色的类型,如果选中的颜色是CMYK模式的颜色则显示图标为▨;如果用户选中的颜色是RGB模式的颜色则显示图标为▨。

■ 淡印百分比淡印色: [100% ▼]:利用此下拉列表框,可以实现某种颜色的淡色,而无需重新调色。例如,要得到淡蓝色,可以在面板中将蓝色的淡印百分比数值设置为"50%"。

■ "新建颜色"按钮▨:单击此按钮,在弹出的"颜色选项"对话框中设置适当的颜色数值后,即可将其保存为新颜色。

■ "删除颜色"按钮▨:单击此按钮,在弹出的提示框中单击"确定"按钮,则删除所选中的颜色。

3.5.1 新建颜色

要为图形或文本应用一种颜色,就必须先在"颜色"面板中创建该颜色,然后才可以应用于需要的对象。以下将以当前制作的书籍排版文件为例，介绍创建新颜色的操作方法。

要新建颜色，可以执行以下操作：

① 打开随书所附光盘中的文件"第3章\"乳牛自然之旅主题广告设计4.p65"。

② 显示"颜色"面板，单击其底部的"新建颜色"按钮 回。此时将弹出如图3.59所示的"颜色选项"对话框。

③ 在"颜色选项"对话框中设置新颜色的名称、模式及颜色值等参数，如图3.60所示。

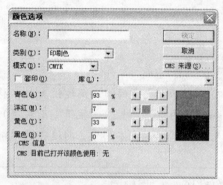
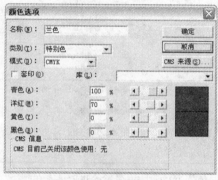

图3.59 "颜色选项"对话框   图3.60 设置颜色参数

"颜色选项"对话框中的重要参数与选项意义如下所述：

- "类别"：在此下拉列表框中有"特别色"、"印刷色"、"淡印色"三个选项。如果希望当前操作的对象印在除C、M、Y、K之外的一张特别色版上，可以选择"特别色"。如果要为当前颜色设定淡印百分比，可以选择"淡印色"选项，并拖动其下方的滑块取得所需的淡印色。如果希望按正常模式印刷可以选择"印刷色"选项。

- "模式"：在此下拉列表框中有"RGB"、"CMYK"、"HLS"三种颜色模式。选择"RGB"模式，则在其下方将显示出"红色"、"绿色"、"蓝色"三个滑块条，拖动任意一个、两个或三个滑块以调配出需要的颜色。

④ 设置完毕后，单击"确定"按钮退出对话框即可。

3.5.2 应用颜色

在PageMaker中，应用颜色分为图形和文本应用颜色两种方式，在为图形应用颜色时，直接选择合适的填充色或边框色即可，而在为文本应用颜色时，则需要使用文本工具将要设置颜色的文字选中，然后在"颜色"面板中设置颜色。

以下将以当前制作的广告设计作品为例，介绍为文字应用颜色的操作方法。

① 打开随书所附光盘中的文件"第3章\乳牛自然之旅主题广告设计4.p65"。

② 使用箭头工具 ▶ 选中白色的文字"体味自然之旅"，按Ctrl+C组合键进行复制。

③ 按Ctrl+Alt+V组合键进行原位粘贴，然后向右下方位置微移该文字。

④ 使用文本工具 T 将位于上方的文字"体味自然之旅"选中。

⑤ 设置其填充颜色为"蓝色"，得到如图3.61所示的效果。

图3.61　设置文字颜色后的效果

3.5.3　复制颜色

通过复制颜色并在复制得到的新颜色基础上再做修改，可以快速基于某一种颜色创建新的颜色，要复制颜色可以采用以下两种方法：

■ 将要复制的颜色拖至"新增颜色"按钮 🗇 上，弹出如图3.62所示的对话框，调整参数即可得到复制后的颜色。

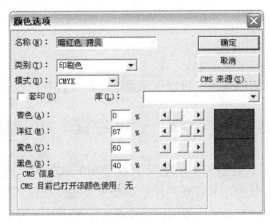

图3.62　"颜色选项"对话框

■ 选择某一种需要复制的颜色后，还可以在面板中单击右上侧的侧三角按钮▶，在弹出的菜单中选择"复制"。例如，在面板上选中"红色"时，此处显示的命令为"复制红色"。

3.5.4　设置颜色选项

在面板弹出菜单中选择"颜色选项"命令后，在弹出的对话框中进行适当设置可以改变颜色选项。

提示：按住Ctrl键，在面板中单击某一种颜色，也可以弹出"颜色选项"对话框。

3.5.5　导入颜色

在"颜色"面板菜单中选择"导入颜色"命令后，将弹出"导入颜色"对话框，如图3.63所示，在此打开一个PageMaker文件，即可将该文件"颜色"面板上具有的、但当前出版物中没有的颜色，导入到当前操作的出版物文件中。

图3.63　"导入颜色"对话框

如果导入的颜色与当前文件中的颜色存在同名的情况，则当前操作的文件的颜色将被覆盖。

3.5.6　删除未使用的颜色

在面板中删除不再使用的颜色，可以保证要输出的文件保持较小的文件大小，并防止可能出现的错误。

在"颜色"面板菜单中选择"移出未用颜色"命令后，可以将当前"颜色"面板上存在的、而出版物中未使用的颜色删除。

选择"移出未用颜色"命令后弹出的对话框如图3.64所示，按照对话框的提示，单击"是"或"否"按钮以逐个删除不需要的颜色。如果要删除全部不需要的颜色，单击"全部皆是"按钮，反之单击"全都不是"按钮。

操作结束后将弹出如图3.65所示的对话框，提示有多少种颜色被删除。

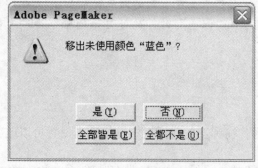

图3.64　提示对话框

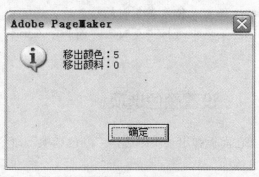

图3.65　移出未用颜色报告

3.6　调整对象层次

在PageMaker中，对象的排列层次是依据用户绘图的顺序来确定的，先创建的对象在底层，后创建的对象在顶层，后创建的对象总是将先创建的对象遮盖起来。

以下将以当前的广告设计作品为例，介绍调整对象层次的操作方法：

① 打开随书所附光盘中的文件"第3章\乳牛自然之旅主题广告设计5.p65"。

② 使用选择工具选中位于上方的蓝色文字。

③ 按Ctrl +[组合键应用"置后"命令，将其排列到白色文字下方，如图3.66所示。

图3.66　调整文字顺序

对象之间没有层叠也就没有遮盖，若希望放在上面的对象被遮盖，就可以利用"成分"→"排列"下的级联菜单进行调整。调整对象时一定要确认该对象处于被选择状态。

■ 选择"成分"→"排列"→"移至最前"命令，移动对象到所有层叠对象之前。

■ 选择"成分"→"排列"→"置前"命令，将选定对象在层叠对象堆叠中向上移动一层。

■ 选择"成分"→"排列"→"移至最后"命令，移动选定对象到所有层叠对象之后。

■ 选择"成分"→"排列"→"置后"命令，将选定对象在层叠对象堆叠中向下移动一层。

3.7　绘制并编辑图形

作为排版软件，PageMaker提供的图形绘制功能并不丰富，但在版面比较简洁、图形并不复杂的情况下，仍可以满足大部分的设计需求，本节将介绍一些常见的图形绘制及编辑方法。

3.7.1　使用矩形工具绘制图形

使用矩形工具可以绘制出直角矩形或者具有一定圆角化效果的矩形，以下将以在当前制作的广告中绘制矩形为例，讲解其使用方法：

① 打开随书所附光盘中的文件"第3章\乳牛自然之旅主题广告设计6.p65"。

② 设置填充颜色为"蓝色"，边框颜色为"白色"，选择"成分"→"线型"→"2pt"命令设置矩形的边框。

③ 使用矩形工具 □，在文字下方拖动绘制矩形。得到如图3.67所示的效果。

图3.67　绘制矩形

④ 选中矩形，在"控制"面板上的"拉斜变形角度"数值框中输入"10"，如图3.68所示，得到如图3.69所示的效果。

图3.68　设置变形参数　　　　　　　　图3.69　变形对象

3.7.2　改变线型

绘制图形前可以双击工具箱中的相应工具来控制线型，以得到不同类型的线条。

要改变已存在的线型图形，可以在选中图形的情况下选择"成分"→"线型"命令级联菜单下的选项来设置。如图3.70所示为不同线条在图像中的应用。

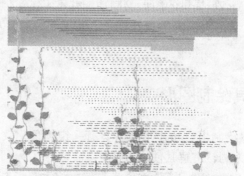

图3.70　不同线条在书籍封面中的应用

如果在其列表中没有用户需要的线宽数值，可以选择其中的"自定义"命令，在弹出的如图3.71所示的对话框中设置，其中以点的十分之一为增量来指定线宽，在此用户最多可以指定的宽度为800点。

例如，图3.72所示为选择"成分"→"线型"命令子菜单下的双线线型所得到的效果，在默认情况下，线条较粗。如果需要修改线条的线宽，可以选择"成分"→"线型"→"自定义"命令设置弹出的如图3.73所示的对话框，则可以得到如图3.74所示的线条较细的效果。

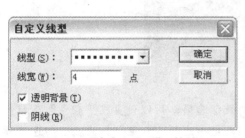

图3.71　"自定义线型"对话框

图3.72　默认的粗线条效果

图3.73　"自定义线型"对话框

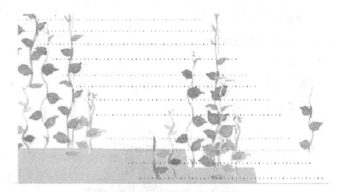

图3.74　修改后的细线条效果

3.7.3　改变填充

在工具箱中双击椭圆形工具可以弹出"填充和线型"对话框，在其中可对即将绘制的图形对象进行预设。对已存在的圆形对象，可以选择"成分"→"填充和线型"命令，在弹出的对话框中进行设置，其中可以为一个选定的图形对象指定内部填充和外部线型属性，还可以指定填充和线型是否套印、是否需用透明背景等选项，"填充和线型"对话框如图3.75所示。

图3.75　"填充和线型"对话框

此对话框中的重要参数如下所述：

- "填充"：在此下拉列表框中可以选择图形的填充类型，如图3.76所示为填充图案和填充实色的效果。

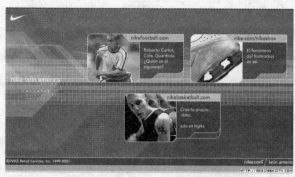

图3.76　常用的填充效果

- "淡印色"：此下拉列表框中有增量为0～100的数值选项，用以设置在"颜色"下拉列表框中所选颜色的色度。例如在"颜色"下拉列表框中选择"红色"，且在淡印色选项框中选择"50"，则打印出来的色彩只有50%的纯红度。

- "套印"：选中此复选框，线条将与其下方的颜色套印，即墨色重叠，否则下方的颜色将在线条处让空。

- "透明背景"：如果在"线型"下拉列表框中选择了点画线等线条类型，选中"透明背景"复选框可以透过线条看见背景，否则显示纸色，如图3.77所示是选中"透明背景"复选框前后的效果对比。

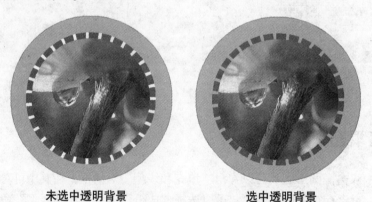

未选中透明背景　　　　　　　　　选中透明背景

图3.77　选中"透明背景"复选框前后的效果对比

- "阴线"：选中此复选框，无论当前线条为何种颜色，均使当前所用的线条反白。

3.7.4　为矩形增加圆角效果

在PageMaker中，提供了为矩形增加圆角效果的功能，以下将以当前制作的广告设计作品为例，介绍操作方法：

① 使用选择工具 �'ᕐ 选中前面绘制的矩形对象。

② 选择"成分"→"圆化角"命令，设置弹出的如图3.78所示的对话框。

③ 单击"确定"按钮退出对话框，得到如图3.79所示的效果。

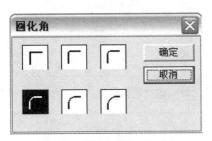

图3.78　"圆化角"对话框　　　　图3.79　运用"圆化角"命令后的效果

　　除了像上述步骤那样先绘制出直角矩形，再编辑成为圆角矩形外，也可以通过在绘制图形前设置"圆化角"选项，在绘制图形时就可直接得到圆角矩形效果。其操作方法就是双击工具箱中的矩形工具□图标，或在没有选择其他图形的情况下，选择"成分"→"圆化角"命令，则弹出如图3.78所示的对话框，在"圆化角"对话框中共有6种圆角效果供选择，单击各个图标即可，选择完毕后单击"确定"按钮退出对话框。

　　④ 选中横排文字工具 T ，设置其"控制"面板如图3.80所示，设置填充色为"白色"，在蓝色方框中输入文字，得到如图3.81所示的效果。

图3.80　"控制"面板

图3.81　输入文字

　　⑤ 按Ctrl+D组合键应用"置入"命令，在弹出的对话框中打开随书所附光盘中的文件"第3章\素材3.tif"，如图3.82所示，按住Shift键，使用箭头工具 ▶ 向其内部分别拖动图像控制句柄，将其置于页面的左下方如图3.83所示的位置。

图3.82　素材图像　　　　　　　　　图3.83　置入素材图像后的效果

3.8　用图文框控制文本

PageMaker为用户提供了一种被称为图文框的对象，在实际应用中，图文框不仅可以用于制作图形的遮色效果，而且还可以制作串链文本框，使一篇文章可以分排在一个页面上的不同区域或不同的页面上，因此图文框可以帮助用户组织版面并创建特殊的版面效果。

3.8.1　在广告中绘制图文框

以下将以当前制作的广告设计作品为例，介绍图文框的使用方法：
① 打开随书所附光盘中的文件"第3章\乳牛自然之旅主题广告设计7.p65"。
② 设置填充色为"无"，边框色为"蓝色"，边框粗细为"1pt"，使用矩形图文框工具，绘制一个矩形图文框，如图3.84所示。

图3.84　绘制图文框

③ 按Ctrl+Alt+F组合键调出"图文框选项"对话框，设置对话框，如图3.85所示。
④ 选择横排文字工具 T ，设置适当的字体和字号，设置字体颜色为"黑色"，在图文框中插入光标输入文字，得到如图3.86所示的效果。

图3.85 "图文框选项"对话框   图3.86 输入文字

"图文框选项"对话框中各选项的含义如下所述：

- "内容位置"：此选项组的下方有"垂直对齐"、"水平对齐"两个下拉列表框。在"垂直对齐"下拉列表框中有"上"、"中"、"下"三个选项，在"水平对齐"下拉列表框中有"左"、"中"、"右"三个选项。通过这些选项，可以改变置入的图像或文本在图文框中的位置。如图3.87所示是分别选择内容位置为上左、下右和中中后的效果。

图3.87 内容位置分别为上左、下右和中中的效果

- "裁剪内容以适应图文框"：如果要置入的图形或已经置入的图形比图文框大，选中此单选按钮，可以在不改变图文框及图形大小的情况下，裁剪图文框外部的图形，此单选按钮为默认选项。如图3.88所示，可见图像文件明显大于图文框，将图像加入图文框后其周围被裁剪，如图3.89所示。

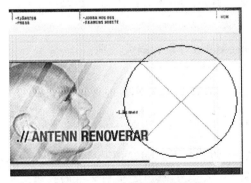

图3.88 大于图文框的图像   图3.89 裁剪内容以适应图文框效果

■ "缩放图文框以适应内容"：如果不能改变要置入的图形、图像对象，而又不用考虑图文框的尺寸，可以选中此单选按钮。此单选按钮被选定的情况下，PageMaker将改变图文框的尺寸，使其尺寸改变至要置入的图形、图像对象的尺寸大小。无论选中的是一个将要置入内容的图文框，还是一个已置入内容的图文框，此选项均可以很好地改变图文框的尺寸以适应内容。如图3.90所示是选中一个圆形图文框和一个要加入图文框的图像，将图像加入图文框后图文框变大成椭圆以适应图像大小，如图3.91所示。

图3.90　选择圆形图文框和图像　　　　图3.91　改变图文框大小适应图像

■ "缩放内容以适应图文框"：如果确定了绘制在页面上的图文框的尺寸，而又不用考虑要置入的图形、图像对象的尺寸，可以选中此单选按钮。此单选按钮被选中的情况下，无论选中的是一个要置入内容的图文框，还是一个已经置入内容的图文框，此选项均可以很好地改变图形、图像对象的尺寸以适应图文框。如果选中此单选按钮，则其下方的"维持长宽比"复选框将被激活，如果用户希望在改变图形的尺寸时维持其长宽比不变，可以选中此复选框。

■ "内缩"：使置入到图文框中的文本与图文框的边缘有一定的距离，而此距离值则由此选项下的"上"、"下"、"左"、"右"四个文本框中的数值控制。

3.8.2　图形与图文框

在绘制与控制方面，图文框同其他PageMaker图形对象很相似，例如，图文框有线型和填充属性，同样可以用箭头选择工具 ▶ 选择图文框，并且可以对图文框进行缩放、移动、镜像操作以改变它们的大小、位置、角度等属性，因此初学者容易将图文框与PageMaker中的图形对象混淆。

实际上，图文框独特的功能和用途与其他PageMaker对象有很大区别：

■ 图文框可以容纳文本或图像。

■ 一个图文框可以和其他的图文框串连，这样一篇独立的文章能够通过多个图文框排放在页面的不同区域或不同页面上，如图3.92所示为一段文字被分别放置于同一版面的两处。

■ 不同于普通的图形，空的图文框以一个非打印的"×"显示，图3.93所示为分别被选中的图形和图文框效果，选中图形的效果是显示多个控制点，选中图文框的效果是中间显示有"×"，且上下有链接句柄。

图3.92　使用图文框排放于页面不同位置的同一篇文章

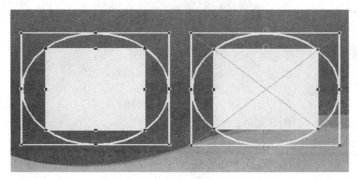

图3.93　被选中的图形和图文框

3.8.3　创建图文框

绘制图文框与绘制图形一样，在工具箱中选择相应的工具，然后按住鼠标左键从第一点开始向第二个点拖动，起止点将成为图文框的左上角及右下角点。

- 在工具箱中选择矩形图文框工具⊠，可绘制出矩形图文框。
- 在工具箱中选择圆形图文框工具⊗，可绘制出圆形图文框。
- 在工具箱中选择多边形图文框工具⊗，可绘制出多边形图文框。

如前所述，使用三种图文框工具创建的图文框与图形最为明显的区别就是，图文框的内部有一个"×"，且上下边缘的中心为空心句柄。

> 提示：在使用矩形图文框工具⊠绘制矩形图文框时，按住Shift键拖动鼠标，可以得到一个正方形图文框。同理如果在使用圆形图文框工具⊗时，按住Shift键拖动鼠标，可以得到正圆形图文框。

3.8.4　在图文框中添加对象

每一个刚创建的图文框都是空的，因此需要人为向图文框中添加各种图像或文本对象。根据图文框的状态，向图文框中添加对象的操作，可以分为添加文本和图片两类。

可以使用下述三种方法中的任意一种，向图文框中添加图形或文本对象。

1．第一种方法

① 使用箭头工具 ▲ 选中图文框，如图3.94所示。

② 按住Shift键，选择要添加到图文框中的文本块或图形、图像，如图3.95所示。

③ 选择"成分"→"图文框"→"加入内容"命令，得到如图3.96所示的效果。

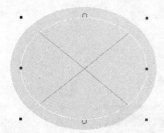

图3.94　选中图文框　　　　图3.95　选中图像　　　　图3.96　操作后的效果

2．第二种方法

① 使用箭头工具 ▲ 选中图文框。

② 选择"文件"→"置入"命令。

③ 在弹出的"置入"对话框中选择要添加至图文框中的文本或图像。

3．第三种方法

① 使用适当的图文框工具绘制一个图文框。

② 使用文本工具 T 单击图文框，以获得一个文本光标点。

③ 在文本光标后直接输入需要的文本即可，如图3.97所示。

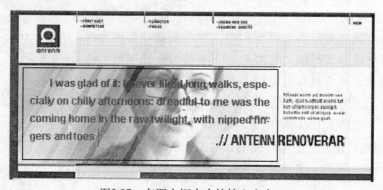

图3.97　在图文框中直接输入文字

3.8.5　编辑图文框

图文框作为PageMaker的一种对象与其他对象一样具有可编辑性，可以改变其外观形态，也可以改变其内容。

1．编辑图文框外观

无论选中的是一个已有内容的图文框，还是一个空的图文框，都可以在其被选中的情况下，改变其填充类型、线条类型、旋转角度、位置等属性。

改变图文框的尺寸、旋转角度、位置等属性的方法与编辑普通对象的方法相同。

- 旋转图文框：在工具箱中选择旋转工具 ◎ 或在对象"控制"面板中填入旋转角度值，以改变图文框的旋转角度。
- 改变图文框的尺寸与位置：使用工具箱中的黑色箭头选择工具 ▣ 可以直接移动图文框的位置并改变其尺寸。要精确定义图文框的位置及尺寸，可以在图文框被选中的情况下，在对象"控制"面板的相应文本框中输入需要的数值。
- 改变图文框外轮廓线及填充类型：在图文框被选中的情况下，选择"成分"→"填充和线型"命令即可改变图文框的外轮廓线及填充类型，由于此命令对话框在前面已有描述，故在此不做重述。

2．编辑图文框中的文本

要编辑图文框中的文本，可以按下面的步骤操作。

① 在工具箱中选择文本工具。

② 使用文本工具选中要编辑的文本，如图3.98所示。

③ 按编辑正常文字的方法对其进行编辑，效果如图3.99所示。

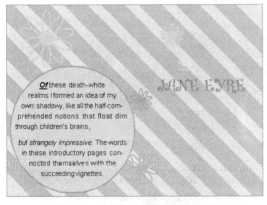
图3.98　改变文字属性前的效果

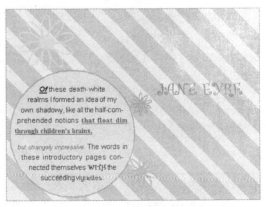
图3.99　改变文字属性后的效果

3．更换图文框中的对象

如果对图文框中的图形或图像不满意，无需删除图文框，只需将图文框选中后重新置入一张满意的图形、图像，即可取代原图形、图像，其操作步骤如下所述。

① 使用箭头工具 ▸ 选中要编辑的图文框，如图3.100所示。

② 选择"文件"→"置入"命令。

③ 在弹出的"置入"对话框中选择要重新置入的图像即可，效果如图3.101所示。

图3.100　选择图文框

图3.101　置入新图像至图文框

4．移出图文框中的对象

选择"成分"→"图文框"→"移出内容"命令，可以移出图文框中的对象，操作步骤如下所述。

① 选择要移出对象的图文框。

② 选择"成分"→"图文框"→"移出内容"命令。

③ 图文框中的图像与图文框分离开来，如图3.102所示。

图3.102　移出内容后的图文框与图像

注意：当用户选中一个空的图文框及一个文本或图形对象时，在此显示的是"加入内容"命令，选用此命令可以将选中的文本或图形、图像对象加入到图文框中。如果选中的是一个已有内容的图文框，此处显示为"移出内容"命令，选用此命令可以将文本和导入的图像移出图文框，而如果选择该子菜单最下方的"移出内容"命令则会删除图文框中的内容。

5．删除图文框中的对象

如果要删除图文框中的对象，先使用箭头工具 ▶ 选中图文框，然后选择"成分"→"图文框"→"移出内容"命令即可。

注意：在此所指的移出内容命令位于该菜单的最下方。

6．移动图文框中图像对象的位置

要移动置入图文框中的图形、图像位置，可选择工具箱中的剪切工具 置于图形上方，按住鼠标左键在图文框中拖动，当手形光标 出现后，按住鼠标左键不放拖动即可。

3.8.6　图文框与图形间的转换

为了方便用户操作，PageMaker提供了"成分"→"图文框"→"改为图文框（改为图形）"命令，用于将图文框转换成为图形，或将用工具箱中绘图工具绘出的图形转换成为图文框。

要在图文框与图形间相互转换，可以使用箭头工具 选中图形或图文框，然后选择"成分"→"图文框"→"改为图文框（改为图形）"命令即可。

3.9　用制表位对齐文本

对某一段落的文本设置缩排或制表位，可以使段落中的文字按照一定的规律缩进或分隔，从而得到整齐的版面效果。

以下将以当前制作的广告设计作品为例，介绍制表位的使用方法。

① 打开随书所附光盘中的文件"第3章\乳牛自然之旅主题广告设计8.p65"。

② 使用文字工具，将图文框中的文字选中，按Ctrl +I组合键调出"缩排/制表位"面板，设置面板，如图3.103所示，单击"应用"按钮，然后单击"确定"按钮，关闭"缩排/制表位"面板。

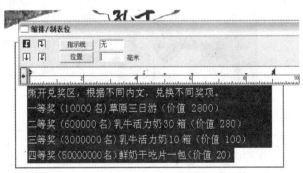

图3.103　设置"缩排/制表位"面板

③ 使用文字工具，在"（10 000名）"后插入文本光标，单击键盘上的Tab键，得到如图3.104所示的效果，然后依次在"（600 000名）"、"（3 000 000名）"、"（50 000 000名）"后插入文本光标，单击键盘上的Tab键，得到如图3.105所示的效果。

"缩排/制表位"面板中的各个重要控制按钮如下所述：

■ "左制表位" ：使所选文本与文本框左侧边缘对齐。

■ "右制表位" ：使所选文本与文本框右侧边缘对齐。

图3.104　单击键盘上的Tab键后的效果　　　　　图3.105　继续调整文字

- ■ "居中制表位" ⬇：使所选文本与文本框中心对齐。
- ■ "小数点制表位" ⬇：使所选文本中含小数点的部分以小数点对齐。
- ■ "指示线"：单击"指示线"按钮，从下拉菜单中为制表位选择指示线的样式。
- ■ "位置"：在其右侧的文本框中显示缩排的缩排量，也可在文本框中输入相应的刻度数值，以更精确地设置缩排量。
- ■ "首行缩排" ◣：设置所选文本段落的首行缩排。
- ■ "左侧缩排" ◪：从所选文本段落的左侧边缘设置缩排。
- ■ "右侧缩排" ◤：从所选文本段落的右侧边缘设置缩排。
- ■ "重设"：取消制表位和缩排设置，返回默认的制表位。
- ■ "应用"：在没有单击"确定"按钮以前，显示缩排后的效果。

技巧：按下Shift键时，可以独立移动首行缩排标记。

---

④ 选中文本框，按Ctrl +[组合键应用"置后"命令，将其排列到素材图像的下方，如图3.106所示。

图3.106　应用"置后"命令后的效果

3.10　增加并编辑大段说明文字

作为排版软件，PageMaker支持对大量文本的控制与编辑，本节将以当前设计的广告为例，介绍添加并编辑大段说明文字的操作方法。

3.10.1 添加广告说明文字

以下将在广告中添加大段的说明文字，其操作方法如下：

① 打开随书所附光盘中的文件"第3章\乳牛自然之旅主题广告设计9.p65"。选择横排文字工具 T，设置适当的字体和字号，在右下方输入一段文字，得到如图3.107所示的效果。

图3.107 输入文字

② 使用文字工具，将上一步输入的文字选中，按Ctrl +I组合键调出"缩排/制表位"面板，设置面板，如图3.108所示，单击"应用"按钮，然后单击"确定"按钮，关闭"缩排/制表位"面板。

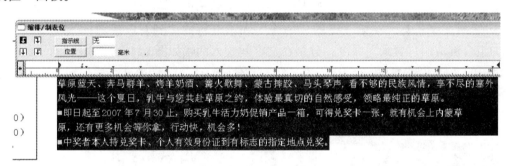

图3.108 设置"缩排/制表位"面板

③ 使用文字工具，依次在"即日"、"原"、"中奖"前插入文本光标，并分别单击键盘上的Tab键，得到如图3.109所示的效果。

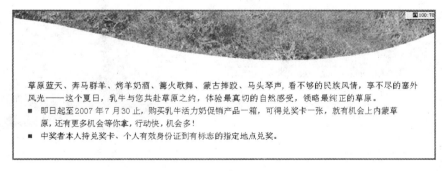

图3.109 调整文字

④ 使用文字工具,在第一行开头前插入文本光标,按Ctrl+D组合键应用"置入"命令,在弹出的对话框中打开随书所附光盘中的文件"第3章\素材4.tif"图像,如图3.110所示,得到如图3.111所示的效果,按Enter键换行,调整文字至如图3.112所示的效果。

图3.110　素材图像　　　　　　　　　图3.111　置入素材图像后的效果

图3.112　调整文字后的效果

⑤ 使用文字工具,在第三行的"一张"和第五行的"到有"后面插入文本光标,按Ctrl+D组合键应用"置入"命令,分别在文字间置入两幅如图3.113、图3.114所示的随书所附光盘中的文件"第3章\素材5.tif"和"第3章\素材6.tif",调整文字后得到如图3.115所示的效果,如图3.116所示为宣传单页的最终效果。

图3.113　标志素材图像1　　　　　　　图3.114　标志素材图像2

图3.115　置入素材图像后的效果　　　　图3.116　最终效果

3.10.2　导入纯文本文件

使用"文件"→"置入"命令除了可以置入图像外，还可以置入纯文本、Word文档以及旧版本的PageMaker文档等文件。这些置入操作都将在本小节及下面的2节中进行详细介绍。

要置入纯文本文件，可以按Ctrl+D组合键或选择"文件"→"置入"命令，在弹出的对话框中选择要置入的文本文件，此时的"置入"对话框如图3.117所示。

图3.117　选择文本文件时的"置入"对话框

当置入对象为纯文本时，"置入"对话框中的参数与选项的意义如下所述：

■ "作为新文章"：此单选按钮被选中的情况下，PageMaker将所选文本文件中的文字添加为与出版物中的已有文章相互独立的新文章。

■ "替换整个文章"：如果使用工具箱中的箭头工具 选中了某个文章块，在此单选按钮被选中的情况下，允许PageMaker删除选定的文章，并用选择置入的文本替换它，但PageMaker保留原始文本块对象的位置、大小和打印方式。

■ "插入文本"：如果当前选择的是文本工具，选中此单选按钮则在当前插入点的后面置入选择的文件中的文本。

■ "替换所选文本"：如果置入文本前，已经在工作页面中选中了部分文字，则"插入文本"单选按钮将变为"替换所选文本"单选按钮，PageMaker将删除选定的文本并用新置入的文本取代。

■ "显示过滤器自定格式"：此复选框在选中的情况下，PageMaker将在选择需导入的某文本文件后，弹出一个"纯文本导入过滤器"对话框，让用户自行定义导入时PageMaker需对此类文件所做的转换。

■ "保留格式"：选中此复选框的情况下，在导入文件的同时PageMaker将导入所有的字符、段落格式和排式表。

■ "转换引号"：当用户选中此复选框时PageMaker将转换引号和单引号为打印引号和单引号，而且将双虚线转换为长虚线。

■ "读取标记"：选中此复选框将对文本应用段落排式。

注意：选择"文件"→"置入"命令弹出的"置入"命令对话框中所显示的选项根据选择的文件格式不同而有所不同，另外如果在选择"文件"→"置入"命令之前，选择了一个对象或者图文框，"置入"命令对话框中的选项也不相同。

选中要导入的文本后，单击"打开"按钮，将弹出如图3.118所示的过滤器界面。

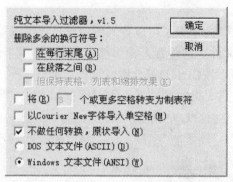

图3.118　"纯文本导入过滤器"对话框

"纯文本导入过滤器"对话框中的参数与选项意义如下所述：

- "在每行末尾"：如果导入的文本行尾有回车，选中此复选框后每行尾部的回车将被删除。
- "在段落之间"：如果导入的文本段落间有因回车形成的空距，选中此复选框后段落间空距将被删除。
- "但保持表格、列表和缩排效果"：保留导入的文本段落中原有的用制表符制作的表格和列表效果，如有缩排效果也将保留下来。
- "将n个或更多空格转变为制表符"：在此文本框中输入一个数值（n）可以确定空格数，PageMaker将根据此数值将空格转换成为制表符。
- "以Courier New字体导入单空格"：选中此复选框，则导入的文字之间的间距相等，而且字体转换成为Courier New字体。
- "不做任何转换，原状导入"：对导入的文本不做任何转换，按原本状态导入。
- "DOS文本文件（ASCII）"：根据导入的文本确定是否是DOS文本文件。
- "Windows文本文件（ANSI）"：根据导入的文本确定是否是Windows文本文件。

单击"确定"按钮即可向页面中添加文字了。此时光标将自动变为置入文本时专有的状态，如图3.119所示。将光标置于页边距范围的左上角，单击鼠标左键即可将文本置入到当前工作页面中，如图3.120所示。

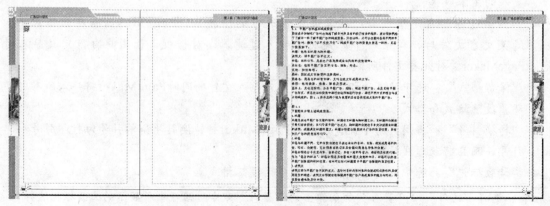

图3.119　摆放光标位置　　　　　　　　图3.120　置入文本

3.10.3　排文方式

当使用"文件"→"置入"命令打开一个文本文件后，光标会变为载文光标，用此光标在页面任何一处单击，就可将置入的文本放置于单击处。在置入文本时，可以根据需要采取以下2种排文方式，即自动排文和手动排文。

1．自动排文

在置入文本前选择"版面"→"自动排文"命令，使其处于被选定的状态（即其左侧有一个对勾），然后再置入文本，便可使用自动排文方式。

使用自动排文时，载文光标显示为 📖 形，此排文方式的特点是用此光标在页面中单击，PageMaker将一次性全部显示此次置入的文件中的所有文字。

提示：在操作过程中如果出版物的页面宽度不够，PageMaker将自动增加页面宽度，如果在排文过程中遇到已有文字块的页面，PageMaker将跳过这些页面将文本添至出版物这些页面的后方，如果出版物页面上有若干分栏，则文本自单击处开始，一栏接一栏进行排列。

置入文本后，如果发现在文本框的底部有一个红色的标记，如图3.121所示，这表示当前文本块中还有未显示的文本。

当前文本块中未显示出的文本

图3.121　含未显示文本

此时可以单击该红色的标志，重新将未显示出的文本载入，然后选择"版面"→"自动排文"命令，或直接按住Ctrl键，此时光标将由 📖 状态变为 📖 状态，将光标置于新的页面中，单击后即可载入所有未显示的文本。

2．手动排文

在置入文本前取消选择"版面"→"自动排文"命令，即使其左侧没有对勾，然后再置入文本时，将使用手动排文。

使用此种排文方式可以获得很大的排文灵活性，用户可以根据需要在出版物非连续的若干个页面上放置文字。

在此模式下载文光标显示为 📖，此时文本按页面或分栏进行排文，排满一页或一栏后便不再向下进行排文，如果文本尚未全部显示出来，在文本块的尾部将显示一个红色的文本链接句柄，要显示下面的文字必须单击此文本链接句柄，并在需要放置文字的页面单击。

3．自动排文与手动排文切换

按Ctrl键可以在自动排文与手动排文间相互切换，即如果当前载文光标为自动排文光标，按Ctrl键可切换成为手动排文光标，反之亦然。

3.10.4 置入Word文件

使用上一小节讲解的方法置入一个Word文件，将弹出如图3.122所示的"Microsoft Word97导入过滤器"对话框。

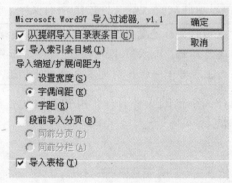

图3.122 导入WORD文件过滤器界面

"Microsoft Word97导入过滤器"对话框中的参数与选项意义如下所述：

■ "从提纲导入目录表条目"：当该复选框被选中时，PageMaker将根据导入的Word文件的提纲构造一个目录表。

■ "导入索引条目域"：当该复选框被选中时，PageMaker将根据导入的Word文件的索引条目（最多50个字符）构造一个索引。

■ "导入缩短／扩展间距为"：选择"设置宽度"单选按钮，PageMaker对导入的字符间距属性，设置为非默认值的Word文件中的相应文本应用的设置宽度属性。选择"字偶间距"单选按钮，PageMaker对导入的字符间距属性，设置为非默认值的Word文件中的文本应用手调字母间隔属性。选择"字距"单选按钮，PageMaker对导入的有字符间距属性，设置为非默认值的Word文件中的文本应用等价的字距设置。

■ "段前导入分页"：选择"同前分页"单选按钮，PageMaker将在置入的Word文件中具有段转下页属性的段落前插入一个分页符。选择"同前分栏"单选按钮，PageMaker将在置入的Word文件中具有段转下页属性的段落前插入一个分栏符。

■ "导入表格"：选中该复选框将导入Word文件中的表格。

在PageMaker中并非所有Word文档中的文本属性都能够被置入，用户必须了解哪一些文本属性不可以被置入，哪一些属性无法被置入。

1．PageMaker可以导入的Word文档属性

■ 字体：大小、行距、宽度、颜色、位置、大小写。

- 文字样式：粗体、斜体、下划线、字下划线（导入为一个字一条下划线）、特殊下划线（导入作为下划线）、阴文、删除线。
- 文字选项：字符间距、上标/下标大小、上标位置、下标位置。
- 段落规格：左侧缩排、首行缩排、右侧缩排、悬空缩排（导入为左侧缩排+首行缩排）、层叠式（导入为相应大小的单个缩排）、段前间距和段后间距。
- 对齐方式：左对齐、右对齐、居中、齐行。
- 选项：行位紧靠、段转下栏、段转下页、包括目录、保持续行。
- 行属性：间距、颜色、宽度、缩排、排式。
- 段落排式：名称、基于、下一种、自定义、制表位规格。
- 制表位属性：左对齐、右对齐、居中、小数点对齐、句点指示线、连字符指示线、下划线指示线、制表位。
- 其他文字规格：扩展的ANSI字符（Macintosh扩展的ANSI字符除外）、扩展的ASCII字符、连字符、手调字母间隔、分栏符、分页符、索引、TOC条目（导入为包含）、脚注（导入为尾注）、轮廓线（导入为普通文字）、表格（导入为制表位分界的文本）、日期和时间、项目符号和编号。

2．PageMaker不支持的Word文档属性

PageMaker不支持的Word文档属性有阴影、前景色、背景色、左右边框、段落级的连字属性、段落级的字间距和字母间距、修订栏中的颜色、首字下沉、Word 6.0图形（由绘图命令创建）、表格边框、在多页上重复的行标题、来自公式编辑器1.0或3.0的对象、OLE 2对象、宏、尾行/首行保护、隐藏文字、字体的字母间隔微调、文件模板、由Word的"项目符号和编号"命令或"项目符号"和"编号"按钮指定的项目符号和编号、在表格行上下的边框。

3.10.5 置入其他PM文件

如果需要从PageMaker 5.0和6.0x等版本的出版物中获得文字，可以在该出版物打开的情况下执行"复制"和"粘贴"命令。

另外，也可以使用"置入"命令从PageMaker 5.0和6.0x版出版物中置入文件，要执行此操作只需要选择"文件"→"置入"命令，在弹出的"置入"对话框中选择并打开一个PageMaker文件，并在弹出的如图3.123所示的对话框中选择要导入的文章。

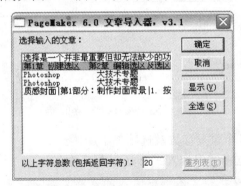

图3.123 "PageMaker文章导入器"对话框

"PageMaker 6.0文章导入器"对话框中的区域及命令按钮的使用如下所述：

- "选择输入的文章"：在此文本框中，显示了用户选择的PageMaker文件每篇文章前的若干个文字，单击就可选中要输入的文章，按Ctrl键或Shift键可同时选中多篇文章。
- "显示"：对于不能确定其内容的文章可以将其选中，单击此命令按钮，PageMaker将显示一个文本显示框界面，用户可以在此文本显示框界面上拖动滑块以观察全部文章的内容，如果仅导入其中的某些文字，也可以将其选中，选择界面上"编辑"菜单下的"拷贝"命令，而后返回PageMaker文件中将其粘贴至当前操作的文件中。
- "全选"：如果需要将选择的文件中所有的文章置入到当前文件中，单击此命令按钮即可。
- "以上字符总数（包括返回字符）"：在此数值框中可以指定被列出的文章字符的最少数目。默认情况下PageMaker可列出文章总字数超过20个字符数的文章，如果重新输入了一个数值，应单击"重列表"按钮，以重新列表用户导入文件中的所有符合条件的文章。

> 注意：如果要在PageMaker 6.5出版物中导入文本，必须先选择"文件"→"另存为"命令将出版物保存为PageMaker 6.0格式的副本。

3.10.6　检查并更正文字错误

PageMaker提供了完善的文字错误纠正功能，该功能主要包括4个命令，即位于"工具"菜单中的"查找"、"查找下一个"、"替换"及"拼写检查"命令，使用这些命令可以根据文字的字符属性、段落属性或所应用的排式，来进行查找与替换，也可以利用PageMaker丰富的词库来检查文档中错误的文字内容或文字用法。

以下将详细介绍这几个命令的操作方法。

1．查找

如果要查找某个特定的单词或文字属性、段落属性，可以先将文本光标放置于某文字段落中，而后单击鼠标右键在弹出的菜单中选择"查找"命令，在弹出的如图3.124所示的对话框中设置其相关参数，然后单击"查找"命令按钮即可。

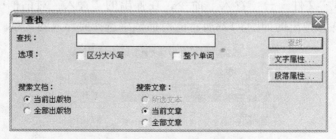

图3.124　"查找"对话框

"查找"对话框中的各个重要参数及选项如下所述：

- "查找"：在此文本框中可以输入或粘贴要查找的文字。
- "选项"：如果在"查找"文本框中输入的是英文单词，应该按需要选取右侧两个复选框。

- "区分大小写"：如果想精确查找单词，应选中此复选框。此复选框被选中的情况下，PageMaker将严格区分大小写。
- "整个单词"：在此复选框被选中的情况下，PageMaker将把在"查找"文本框中输入的文字当作是一个单词。
- "搜索文档"：在此可以确定搜索发生的文档范围。"当前出版物"，当仅对当前操作的出版物执行搜索操作时，选择此单选按钮；"全部出版物"，当要对打开的全部出版物进行搜索时，选择此单选按钮。
- "搜索文章"：在此可以确定文档中的搜索范围。"所选文本"，如果仅要对选中的文本中指定的文字、文字属性或段落属性进行搜索，可以选中此单选按钮；"当前文章"，如果确认要搜索的内容仅在光标所在的文章内，可以选中此单选按钮，这样PageMaker仅对光标当前所处的文章进行搜索操作；"全部文章"，如果要对一个文档中的全部文章进行搜索，可以选中此单选按钮。
- "文字属性"：如果要对某种文字属性进行搜索，可以单击此命令按钮，弹出如图3.125所示的对话框，默认情况下，对话框中各选项都是"任意"，用户可以根据自己的需要选择要搜索的文字属性。
- "段落属性"：如果要搜索某种段落属性，可以单击此命令按钮，在弹出的如图3.126所示的对话框中选择要搜索的段落属性。同样只需将"任意"改变为需搜索的段落属性即可。

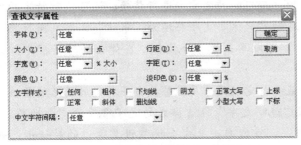

图3.125 "查找文字属性"对话框

图3.126 "查找段落属性"对话框

> 注意：无论是用"查找"文本框查找一个特定的文本，还是利用文字属性、段落属性搜索一个文字、段落属性，在搜索下一个特定的内容之前都应该清空"查找"文本框或将文字、段落属性中任一选项设置为"任意"后再进行下一次查找。

在"查找"对话框中设定完毕指定的内容后，可以单击"查找"命令按钮在指定的范围内对要查找的内容进行搜索，PageMaker找到内容后，将使其反白显示。

2．查找下一个

在完成查找操作后，"查找下一个"命令变为可用，单击此命令按钮可以查找下一个满足条件的内容。

3．替换

"替换"命令与"查找"、"查找下一个"命令一样，仅当使用"编辑文章"命令后，进入文章视图工作模式才可使用。

如果要将某个范围内的特定文字、文字属性、段落属性替换成为其他的文字、文字属性、段落属性，可以选择此命令。

要对特定的内容进行替换，首先需要将文本光标放置于某个特定的段落中，而后选择此命令，在其弹出的对话框中做相应的设置。

"替换"对话框与"查找"对话框中的参数有颇多相同，如图3.127所示，因此下面仅介绍不同之处。

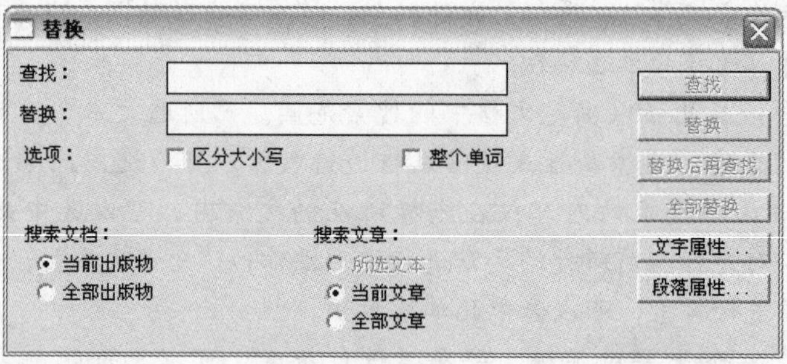

图3.127 "替换"对话框

"替换"对话框中的参数解释如下：

- "替换"：此文本框用于输入替换在"查找"文本框中输入的文本内容。要精确对查找文本框中的文本进行替换，可以有选择地选择"选项"右侧的复选框。
- "文字属性"：此按钮不仅可以对用户确定的特定文字进行替换，还可以对特定的文字属性进行替换。例如，将指定范围内的"黑体"文字替换为"宋体"文字，同时将文字的颜色由"黑色"改变为"红色"，可以单击此命令按钮，在弹出的对话框中做如图3.128所示的设置。
- "段落属性"：应用此命令也可用某一特定的段落属性替换另一特定的段落的属性。例如，如果要将指定范围内所有具有"说明文字"段落样式的文字修改为"小标题1"，并将其段落对齐方式改变为"居中"，可以单击此命令按钮设置弹出的对话框，如图3.129所示。

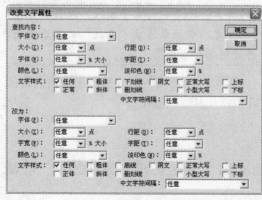

图3.128 替换文字属性

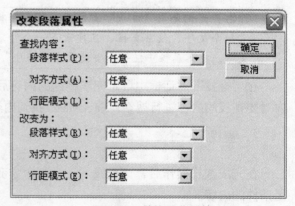

图3.129 替换段落属性

- "替换"：此命令按钮用于执行替换操作。
- "替换后再查找"：单击此命令按钮，查找下一个满足条件的内容。
- "全部替换"：此按钮用于查找并替换所有满足条件的内容。

注意：在进行下一次替换操作前，应清空"查找"文本框并将文字、段落属性中任一选项设
　　置为"任意"。

3.10.7　文章编辑器

文章编辑器是PageMaker为用户提供的另一种编辑文本的方法，要进行文章编辑器，可以根据情况选择下面的方法之一：

- 如果希望在一个空白的文章编辑器中添加文字，可以在没有选择任何对象的情况下，按Ctrl+E组合键或选择"编辑"→"编辑文章"命令，即可进入PageMaker内含的文章编辑器对文字内容进行编辑。
- 如果希望用文章编辑器对某一个文本块中的文字内容进行编辑，应使用箭头工具 ![arrow] 选中文本块或使用文本工具在文本块中单击，以在此文本块中插入一个文字光标，然后按Ctrl+E组合键或选择"编辑"→"编辑文章"命令，这样选中的文本块或文本工具所在的文章就会全部显示于文章编辑器中供用户进行编辑。

选择"编辑"→"编辑文章"命令后弹出的界面如图3.130所示，选中的文本块中的文本显示于右侧的文本编辑区，而屏幕左侧则显示每个文本段落对应的样式。

如果希望用文章编辑器输入所需文本，则需保证当前没有选择任何文本块，选择"编辑"→"编辑文章"命令，即可进入如图3.131所示的文章编辑器的空白工作界面。

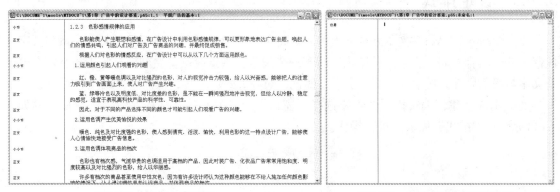

图3.130　编辑文章界面　　　　　　图3.131　文章编辑器工作界面

此时文章编辑器界面一片空白，即可输入文字。在此界面上完成文字输入工作后，选择"编辑版面"命令即可返回出版物视图工作界面，此时光标显示为等待置入的文本的载文光标状态，只需单击要放置文字处即可将要输入的文字放置于该处。

如果未按上述的方法退出文章编辑器，PageMaker将弹出如图3.132所示的对话框，询问是否需要将尚未置入的文本置入至页面。

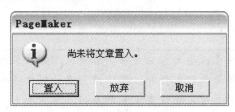

图3.132　关闭提示框

注意：因为文章编辑器所操作的对象只是文本，所以即使选中文本块中含有由外部置入的图像或由工具箱中画图工具绘制出的图形，也不会被显示于文章编辑器中。但用户可以在文章编辑器中选择"文件"→"置入"命令置入一个图像，在此情况下置入的图像将显示为一个小矩形。

可以看出，使用文章编辑器编辑文本，比在工作页面中进行编辑更具有优势。

首先，文章编辑器的显示重点在文本本身而不在其外观，所以对大多数文本修改来说在文章编辑器中进行显得更快且更容易。

其次，在文章编辑器中，由于只显示有限数量的文本格式，所以屏幕重绘的速度也快。在文章编辑器中文本是全部连续显示的，不必翻动屏幕只需拖动滑块即可以浏览文章，所以查看文本显得更容易。

另外，只有在文章编辑界面上可以使用"拼写"、"查找"、"查找下一个"和"替换"等命令。完成文本的编辑工作后，选择"编辑"→"编辑版面"命令，即可以回到出版物页面视图继续进行工作。

注意：虽然在文章编辑器中无法看到文字的格式属性，但还是可以使用"文字属性"、"段落属性"面板改变文字的各种属性，只是需要返回出版物页面视图中才可看到改变后的效果。

3.10.8　设定排式

排式是PageMaker在文本处理方面的一大特色，简单地说，排式即是定义有一系列文字、段落属性的集合。如果将某一种排式应用于一个段落，则该段落将立刻拥有此排式所定义的所有文字与段落属性，例如，字体、字号、颜色、对齐方式、缩排、段前间距或段后间距等。

要应用或新建、编辑排式，需要选择"窗口"→"显示排式面板"命令，在显示的如图3.133所示的"排式"面板中进行操作。

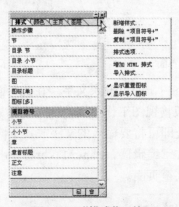

图3.133　"排式"面板

提示：由于在书籍排版文件中，绝大部分文字内容都采用排式来控制其属性，所以除了文字的颜色、字体及大小等简单的参数外，很少使用其他的文字属性。但在宣传册、封面及广告等出版物中，则需要对文字设置大量的属性。读者参与此类工作时，可以按照以下介绍的文字字符及段落属性的方法进行操作。

不同的出版物所需要的排式名称及相应的格式也不尽相同。例如在本章的实例中，其中的正文需要设计的有正文排式、行间图及其图题排式、章排式、节排式、小节排式、小小节排式、项目符号排式以及提示或注意的排式，以下将介绍其创建方法。

设定"正文"排式

"正文"是最为常见、也最为常用的一个排式，它主要应用于文章中的常规文字。默认情况下，当创建了一个新文件时，PageMaker都会自动创建"正文"排式，但多数情况下都要对其进行修改以满足需求。例如在当前制作的书籍排版文件中，需要将正文文字的大小修改为"10.5"，字体修改为"Time+汉仪书宋简"，同时还有其他的字符或段落属性的修改，下面将以当前制作的书籍排版文件为例，讲解修改样式的操作方法。

① 显示"排式"面板，默认情况下，其状态如图3.134所示。

② 双击"排式"面板底部的"正文"样式以调出"排式选项"对话框，如图3.135所示。

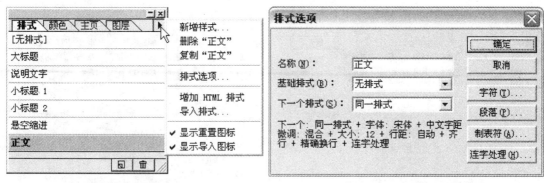

图3.134 "排式"面板　　　　　　　图3.135 "排式选项"对话框

"排式选项"对话框中的各个重要参数及选项如下所述：

■ "基础排式"：当在此下拉列表框中选择了一种排式后，此种排式所具有全部属性将遗传给新排式。例如，在当前的出版物中存在有一种名为"小标题"的排式，此种排式具有12号宋体文字，居中对齐的段落特性。当用户定义新排式"二级小标题"时，在基础排式下拉列表框中选择了"小标题"排式，则新排式"二级小标题"将具有"小标题"排式的全部属性，即具有12号宋体文字，居中对齐的段落属性。

注意：如果以后对某种基础排式所具有的属性做了修改，那么所有以此种排式为基础的排式的属性也会相应发生变化。如果希望重新定义一个排式，使此排式独立于任何一个排式，可以在此下拉列表框中选择"无排式"选项。

■ "下一个排式"：在此下拉列表框中所选择的选项，将定义自本段文本回车另起一段后，下一文本段落的排式。

③ 单击"排式选项"对话框右侧的"字符"按钮，默认情况下将弹出如图3.136所示的"文字规格"对话框。

④ 在"文字规格"对话框中重新设置其字体、字号及文字颜色等参数，如图3.137所示。单击"确定"按钮退出对话框以返回"排式选项"对话框。

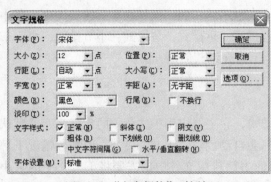

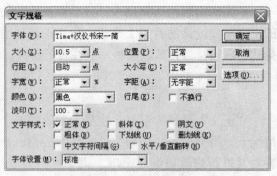

图3.136 "文字规格"对话框   图3.137 设置字体等参数

⑤ 在"排式选项"对话框右侧单击"段落"按钮，默认情况下将弹出如图3.138所示的"段落规格"对话框。

⑥ 在"段落规格"对话框中重新设置其首行缩进、左缩进等参数，如图3.139所示。单击"确定"按钮退出对话框以返回"排式选项"对话框。

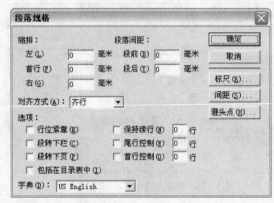

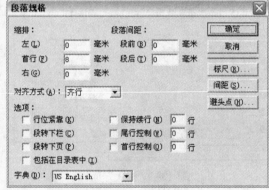

图3.138 "段落规格"对话框   图3.139 设置参数

⑦ 在"排式选项"对话框中单击"确定"按钮退出对话框，即完成对"正文"排式的修改，此时页面中文字的状态如图3.140所示，图3.141所示为局部图像效果。

图3.140 修改"正文"排式后的效果   图3.141 局部图像效果

一本图书中常会包含很多不同的文本格式，例如正文、操作步骤、提示、节、小节等，虽然它们包含的属性各有不同，但定义方法却是基本相同的，例如图3.142所示就是定义了多个排式后的"排式"面板。读者可以打开本书配套光盘中本章实例的最终效果文件，其中就包含了这些样式。

图3.142　定义多个排式后的"排式"面板

3.10.9　应用排式

应用排式的操作非常简单,如果是为某一段文字应用排式,可以直接将光标置于这段文字中的任意位置,然后在"排式"面板中单击要应用的排式名称即可。

如果要为多段文字应用排式,可以将这些段落选中,然后在"排式"面板中单击要应用的排式名称即可。

3.10.10　生成整体目录

在PageMaker中,生成目录是利用排式来控制的,因此需要为要生成目录的标题应用一个特定的排式,并在该排式的"段落规格"对话框中确认已经选中了"包括在目录表中"选项,如图3.143所示。

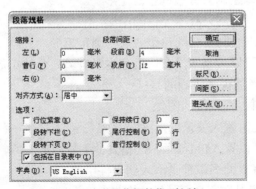

图3.143　"段落规格"对话框

然后选择"工具"→"创建目录"命令,默认情况下,无需设置对话框中的参数,单击"确定"按钮即开始生成目录。接下来创建一个与书籍中各页面尺寸相同的文件,将得到的目录文字置入其中,并进行一定的版式设计即可。

如图3.144所示为生成了出版物目录后的状态,如图3.145所示为将生成的文字目录增加了版式设计内容后得到的效果。

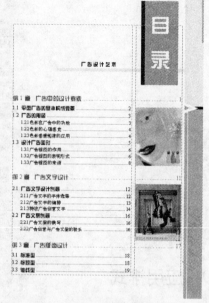

内容

图3.144　生成得到的目录　　　　　　　图3.145　目录页的版式设计示例

提示：本例最终效果为随书所附光盘中的文件"第3章\乳牛自然之旅主题广告设计10.p65"。

3.11　练　习　题

1．在PageMaker中，新建文件的快捷键是（　　）。

A．Ctrl+N键　　　　B．Ctrl+C键　　　　　C．Ctrl+V键　　　　　D．Ctrl+D键

2．下列关于矩形工具的说法错误的是（　　）。

A．使用矩形工具可以绘制只有边框色的矩形

B．使用矩形工具可以绘制只有填充色的矩形

C．使用矩形工具可以绘制具有圆角化效果的圆角矩形

D．使用矩形工具不可以绘制即没有边框色也没有填充色的矩形

3．下列关于置入图像的说法正确的是（　　）。

A．在PageMaker中可以置入位图图像

B．在PageMaker中无法置入矢量图形

C．在PageMaker中可以置入Illustrator 8.0格式的矢量图形

D．在PageMaker中置入的图像都是嵌入到文件中的

4．在文章编辑器中能对文字进行的操作有（　　）。

A．改变文字字体　　　　　　　　B．改变文字颜色

C．删除文字　　　　　　　　　　D．置入文字

5．以下关于"查找与替换"操作叙述错误的是（　　）。

A．查找与替换操作可以在所有打开的出版物中进行

B．查找与替换英文单词时可以区分大小写进行

C．在编辑版面状态选择"工具"→"查找"命令打开"查找"对话框

D．查找文字时可精确到其段落样式

6．利用"控制"面板中的选项可以改变文本的哪些属性？（　　）

A．字体字号　　　　　　　　　　B．颜色

C．对齐方式　　　　　　　　　　D．排式样式

7．若要移动图文框中的图像如何操作？（　　）

A．利用指针工具单击图文框中的图像并移动

B．利用手形工具单击图文框中的图像移动

C．利用裁切工具单击图文框中的图像移动

D．置入图文框中的图像不能移动

8．矩形图文框具有下列何种功能？（　　）

A．可以很容易地实现图像的矩形遮色效果、矩形文本块效果，不可以制作具有链接效果的文本框

B．不可以实现图像的矩形遮色效果、矩形文本块效果，可以制作具有链接效果的文本框

C．可以很容易地实现图像的矩形遮色效果、矩形文本块效果，可以制作具有链接效果文本框

D．可以很容易地实现图像的矩形遮色效果，不可以制作矩形文本块效果，可以制作具有链接效果的文本框，从而使一篇文章分排于一个页面上的不同区域或不同的页面上

9．文本块中的句柄显示为一个（　　）号时，表示此文本块前还有前续或后续文字。

A．红色向下的小三角　　　　　　B．"+"号

C．"－"号　　　　　　　　　　　D．红色向上的小三角

10．按（　　）键可以在自动排文与手动排文间相互切换。

A．Ctrl键　　　　　　　　　　　B．Alt键

C．Shift键　　　　　　　　　　　D．Ctrl+Alt键

3.12　上机练习

1．利用本章介绍的技术，结合随书所附光盘中的文件夹"第3章\上机练习"，尝试设计得到如图3.146所示的广告作品。

图3.146　房地产广告

2. 使用上一题给出的素材，尝试以表现火爆、热烈的气氛作为表现主题，配合适当的版面布局及文字编排，设计出全新的广告作品。

第4章　在PageMaker 中设计书籍版式

要　求

- 掌握使用PageMaker设计书籍版式的常用技术。

知识点

- 熟悉书籍排版的相关术语。
- 掌握在页面添加辅助线的操作方法。
- 掌握使用"控制"面板编辑对象的操作方法。
- 熟悉虚线的绘制方法。
- 熟悉多边形工具 ◯ 的运用。
- 熟悉裁切图像的操作方法。
- 熟悉群组/解组对象的操作方法。
- 熟悉在主页中添加页码的操作方法。
- 了解复制及应用主页的操作方法。
- 熟悉最终检查文档的相关事项及操作方法。

重点和难点

- 书籍排版的相关术语。
- 使用"控制"面板编辑对象。
- 裁切图像。
- 在主页中添加页码。
- 最终检查文档的相关事项及操作方法。

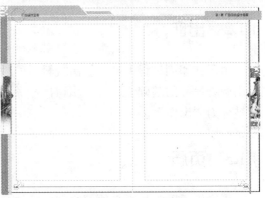

4.1 书籍排版的相关术语

书籍排版中的术语是经过长时间的实践并积累了丰富的经验后，为了满足排版人员、客户等群体之间的沟通需要而产生的。在图4.1所示的示意图中，可以看到大部分排版过程中遇到的术语，例如天头、地脚、版心及标题等。

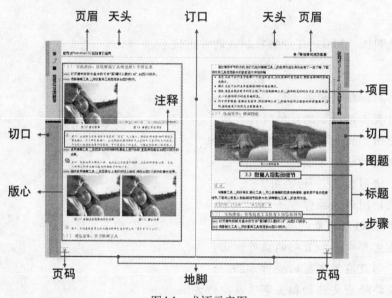

图4.1　术语示意图

以下将对书籍排版过程中常用及常见的术语进行介绍。

4.1.1　版心

版心就是一本图书中用于装载正文内容的区域，正如图4.1所标示的位置，在一个页面中，页边距以外的区域就是版心。

对于一本普通的书籍来说，其页边距通常都在15～25 mm之间，尤其是内侧边距数值，当一本书非常厚的时候，为避免靠近内侧书脊位置的文字看不清楚，内侧页边距数值要设置得更大一些才可以。

4.1.2　出血

由于在印刷过程中可能会出现轻微的位置偏差，为避免由此引起的页面白边，通常会在原出版物尺寸的基础上，向外多留出相关图像约3 mm左右，出版物这3 mm以外范围的内容就被称为"出血"。

4.1.3　页眉

页眉位于天头与版心顶部之间的位置，通常用于放置书名、章名等内容，以便于读者在阅读过程中可以随时根据此处的信息了解到当前所处的大概位置。除此之外，在页眉中通过图形与图像的组合，也可以达到装饰及美化图书的目的。

如图4.2所示为几款具有特色的页眉设计。

图4.2　页眉设计示例

4.1.4　页脚

页脚的位置与页眉刚好相反，它位于地脚与版心底部之间的位置。此处通常用于摆放页码，在搭配合理的前提下，也可以放置一些装饰性较强的元素，或者干脆将其留为空白。

4.1.5　页码

页码就是指按照书籍中内容页的顺序，为页面以从前到后的方式分配一个连续的数字。此数字通常位于页面的左下角或右下角，但实际上其位置是完全不固定的，可以将其置于页面底部的中间位置，或者外边缘的中间位置，甚至是页眉上的某个位置，只要便于读者发现并查看页码即可。

4.1.6　天头

简单地说，天头就是页面最顶部的边缘。

4.1.7　地脚

地脚与天头刚好相反，是页面最底部的边缘。

4.1.8　订口

订口是位于版心内侧用于装订的位置，此处也是左、右两个页面相交接的位置。

4.1.9　切口

所谓的切口，就是指版心外侧的边缘位置。当切口印刷了金色或其他颜色时，被称为色口，如果没有印色，则可称之为白口。

4.1.10 正文

正文范指书籍中用于陈述的文字，除了漫画及图片欣赏等书籍外，几乎所有书籍都是以正文文字为主体，引导读者了解书籍所讲述的内容。而书籍中的插图、注释文字都是以辅助正文内容的形式出现的。

4.1.11 标题

标题的作用就是使用简单的几个字，概括下面即将陈述的内容。通常可以在正文中指定4～5级的文章结构，这样做不仅有足够的标题显示出正文的内容，又不会因为层次太多而显得复杂凌乱。

对于各层次的所属关系，位于顶层的第一级标题自然包含了下面的二至五级标题，位于第二级的标题除了隶属于一级标题外，还包含了三至五级标题，依此类推。

4.1.12 项目

项目是指一系列具有并列关系，并且各自独立成为一个段落的文字内容。在设置排式时也可以赋予其特殊的文字字体、大小及颜色等属性，以区别于陈述性的正文内容。

4.1.13 图题

图题也被称为图注，就是对图像进行说明的文字。通常在正文中指定了一幅图像后，都会在相应的图题中也输入相同或相近的文字，以便于读者快速找到正文中所指定的图像。

4.2 在主页中添加辅助线

在PageMaker中，可以利用主页在多页出版物中创建连贯、统一的页面风格，主页一般包括典型的设计内容和一些重复的内容，如辅助线、页眉、页脚以及页码等。

有些情况下，首先会创建一个包括所有元素的主页，复制多次以得到与该主页相同的内容，然后在此基础上进行一些修改，以增加版面的丰富程度。

本章中，将结合绘制图形、输入并格式化文字以及置入图像等一系列操作，为一本IT类图书设计正文的版式，其基本效果如图4.3所示。

辅助线能够帮助用户对齐并准确放置对象，PageMaker中的辅助线分为水平辅助线和垂直辅助线两种，用户可以根据需要在出版物页面上放置多条辅助线。

以下将以当前制作的书籍排版文件为例，介绍添加辅助线的操作方法。

① 打开随书所附光盘中的文件"第4章\主页版式设计-素材.p65"。

提示：在此素材中，已经包含了编排好的正文内容，其中第2～5页的效果如图4.4所示。

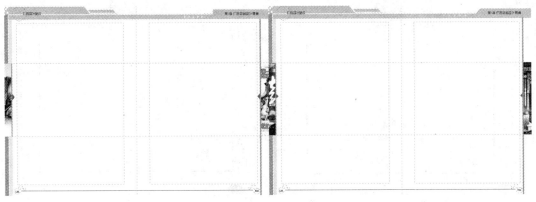

图4.3　设计完成的版式

图4.4　素材中第2～5页的状态

② 按Ctrl+R组合键或选择"视图"→"显示标尺"命令，显示页面标尺。

③ 单击左下角的主页图标 L|R 进入其编辑状态，将光标放在水平标尺上，如图4.5所示。

④ 按住鼠标左键不放向页面内部拖动，即可从水平标尺上拖出水平辅助线。

⑤ 将从水平标尺上拖动的辅助线置于页面顶部的边缘上，当黑色的边缘线与辅助线相交时，辅助线将变为红色，如图4.6所示。

图4.5　将光标置于标尺上

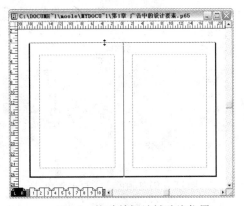

图4.6　拖动并摆放辅助线位置

⑥ 释放鼠标即完成添加辅助线操作，此时页面的状态如图4.7所示。

⑦ 按照上述方法分别在其他位置添加辅助线，直至得到如图4.8所示的效果。

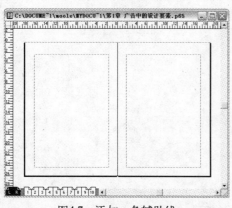

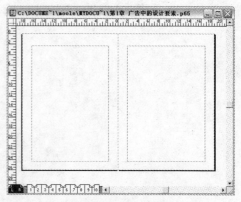

图4.7　添加一条辅助线　　　　　　　　图4.8　添加其他辅助线

提示：这样添加辅助线后，在绘制超出页面边缘大小的图形时，就不会发生看不清楚页面边
缘的情况了。

⑧ 设置完毕后，按Ctrl+Shift+S组合键应用"另存为"命令，在弹出的对话框中重新设
置文件保存的路径，且设置其名称为"主页版式设计.p65"。

4.3　绘　制　图　形

在主页中可以像在普通页面中一样，进行绘图、输入文字及置入图像等操作，唯一不同
的就是，在主页中添加的内容，将会显示于所有应用了此主页的普通页面上。

以下将开始在书籍排版文件的主页中绘制图形并介绍操作方法。

① 打开随书所附光盘中的文件"第4章\主页版式设计2.p65"。显示"颜色"面板，连
续新建3个颜色，并分别设置其"颜色选项"对话框如图4.9至图4.11所示，从而创建3个不同
的颜色。

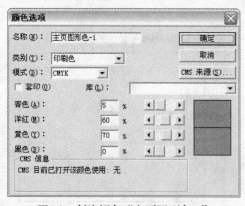

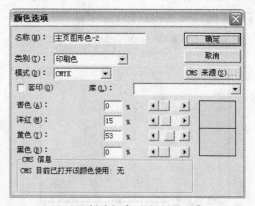

图4.9　创建颜色"主页图形色-1"　　　　图4.10　创建颜色"主页图形色-2"

② 设置填充色为"主页图形色-2"，边框色为"无"，使用矩形工具 □ 在主页的顶部
绘制类似如图4.12所示的矩形。

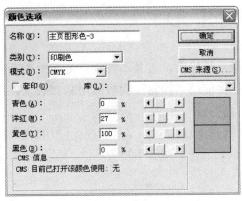

图4.11　创建颜色"主页图形色-3"

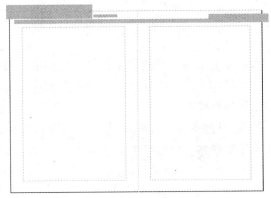

图4.12　绘制矩形

③ 设置填充色为"主页图形色-1"，边框色为"无"，使用矩形工具□分别在主页两侧绘制垂直方向的矩形，如图4.13所示。

④ 设置填充色为"主页图形色-3"，边框色为"无"，使用矩形工具□在主页左侧的橙色矩形右边绘制一个相同高度的矩形，如图4.14所示。

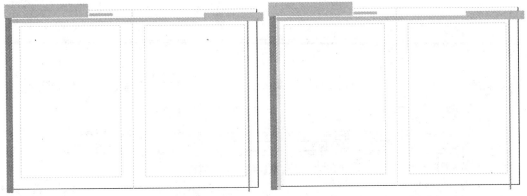

图4.13　绘制左右两侧的矩形　　　　　　　　图4.14　绘制垂直矩形条

⑤ 设置填充色为"纸色"，边框色为"无"，使用矩形工具□在主页左上角绘制多个白色方块作为装饰，如图4.15所示，图4.16所示为放大观察页面左上角时的状态。

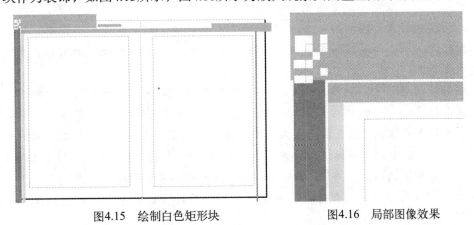

图4.15　绘制白色矩形块　　　　　　　　图4.16　局部图像效果

4.4 编辑图形

正如以上所说，虽然利用工具可以完成一些简单的操作，但并不精确。如果要精确改变对象的位置与大小，必须使用"控制"面板。以下将使用"控制"面板对书籍排版文件主页中的图形进行变换。

① 打开随书所附光盘中的文件"第4章\主页版式设计3.p65"，单击左下角的主页图标进入其编辑状态。使用箭头工具 ▲ 选中主页左上角的矩形，如图4.17所示。

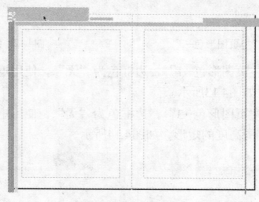

图4.17 选择矩形

② 选择"窗口"→"显示控制面板"命令，以调出"控制"面板，如图4.18所示。

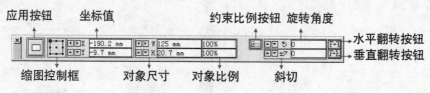

图4.18 "控制"面板

以下将介绍"控制"面板中较为常用的按钮。

- "应用"按钮 □：在各数值框中输入新的数值后，可以单击此按钮使新数值起作用。除此之外，此按钮显示了当前操作的对象类型。例如，如果被操作的对象是一个矩形时，该按钮的显示图标为一个小的矩形 □。如果操作的对象是一个圆形，则在此显示的图标为一个小的椭圆形 ○。如果选择的是群组对象，则显示 ▤ 形图标，其他操作对象以此类推。

- "缩图控制框" ⊞：缩图控制框是一个具有八个小黑点及一个大黑点的线框，每一个黑点都对应着一个操作对象中的对应位置。可以单击任意一点使其以大黑点的形式出现，而此点所标识的位置即将成为用户所做操作的操作中心点，换言之，用户所做的所有操作都将基于此点所标识的位置。例如，当单击"缩图控制框"中的左上角点时，此点将以大黑点的形式出现 ⊞。此点所标识的位置——操作对象的左上角点将成为用户的操作中心点，此后所有对操作对象所执行的缩放、旋转等操作，均以此点为操作中心点。

- "坐标值" ⊠ -298.5 mm Y 79.2 mm ：在"X"、"Y"数值框中可以输入一个数值来重新定位所选的对象。图形对象的重新定位操作，需要在操作对象被选中的情况下在两个或某一个数值框中重新输入新的数值，如果输入完后按回车键，则新的数值立即发生作用，如果不按回车键，用户可以单击"应用"按钮应用新的数值。如果要精确调整对象的X、Y坐标，可以单击"轻推"按钮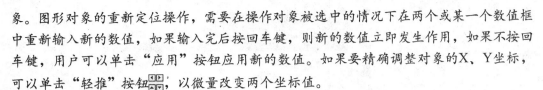，以微量改变两个坐标值。

- "对象尺寸" 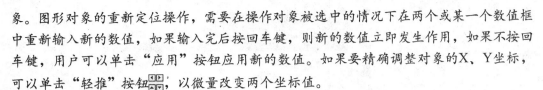：在"W"、"H"数值框中输入新的数值可以精确改变被操作对象的宽度与高度，同样在此也可以通过单击"轻推"按钮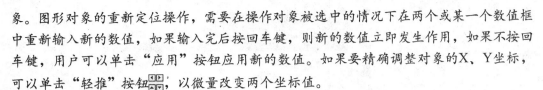微量改变两个数值。

- "对象比例" 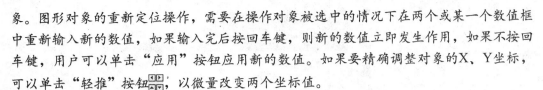：在"宽度百分比"、"高度百分比"数值框中输入百分比数值，可以用百分比形式改变被操作对象的大小。

- "约束比例"按钮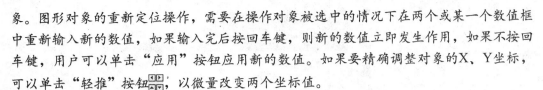：在默认的情况下此按钮显示为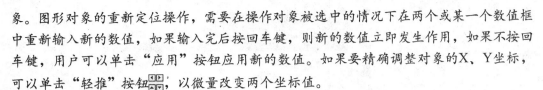，表示可以分别在"W"、"H"、"宽度百分比"、"高度百分比"数值框中输入不同的数值，分别改变对象的宽度与高度。单击此按钮后，按钮显示为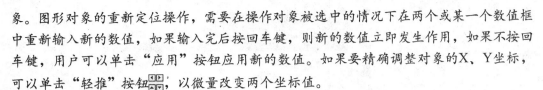，表示可以在图形宽度"高度百分比"数值框中输入数值，此时，图形高度"高度百分比"数值框中的数值将自行发生变化，以维持图形的宽、高比例不变，反之亦然。

- "旋转角度" 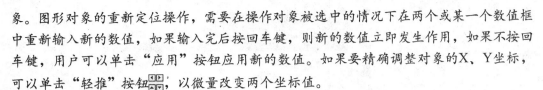：在此可以输入一个角度值，从而使所选的对象围绕"缩图控制框"中确定的中心点旋转一个角度。如果在此输入的是正值，则被操作对象围绕中心点顺时针旋转，如果输入的是负值，则被操作对象围绕中心点逆时针旋转。

- "变形" 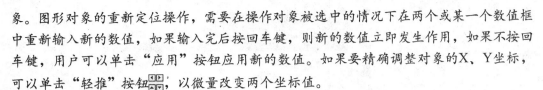：在此输入一个角度数值可以使被操作对象向左或向右发生斜向变形，如果在此输入的是正值，则被操作对象向右方发生斜向变形，如果是负值则向左方发生斜向变形。

- "水平翻转"按钮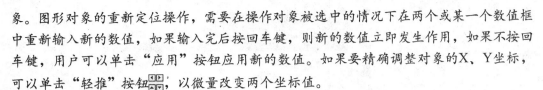：在对象被选中的情况下，单击"水平翻转"按钮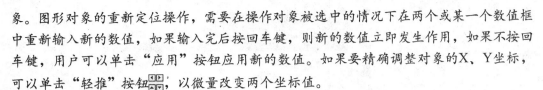，可以以一根垂直线为轴左右翻转被操作对象。

- "垂直翻转"按钮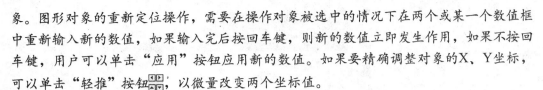：在对象被选中的情况下，单击"垂直翻转"按钮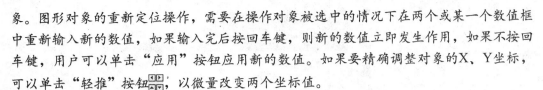，可以以一根水平线为轴上下翻转被操作对象。

③ 在"控制"面板右下方的"斜切"输入框内输入数值"-40"，从而对上一步选中的矩形进行变换，得到如图4.19所示的平行四边形效果。

④ 按住Shift键，使用箭头工具 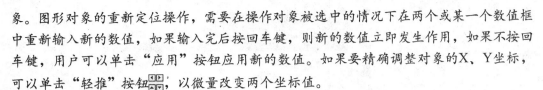 向左侧拖动变换后的矩形，直至置于如图4.20所示的位置。

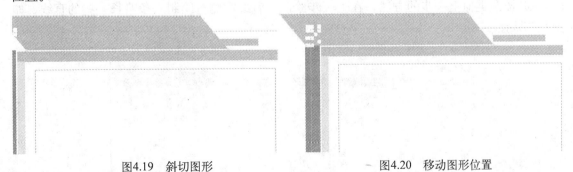

图4.19　斜切图形　　　　　　　　图4.20　移动图形位置

⑤ 按照上述方法对右侧的小矩形条进行变换处理，直至得到如图4.21所示的小平行四边形效果。

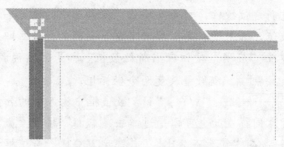

图4.21　制作小平行四边形

4.5　制作虚线效果

PageMaker提供了丰富的线条样式，我们可以通过选择"成分"→"线型"子菜单中的命令选择需要的线型，也可以利用"填充与线型"命令设置图形的填充和线型。本小节中，将使用特殊的线条样式制作虚线效果，其操作步骤如下：

① 打开随书所附光盘中的文件"第4章\主页版式设计4.p65"，单击左下角的主页图标进入编辑状态。设置边框色为"主页图形色-3"，选择"成分"→"线型"→"2pt"命令，从而将线条粗细定义为"2pt"。

② 使用直线工具 ╲ 在小平行四边形下方绘制一条装饰直线，如图4.22所示。

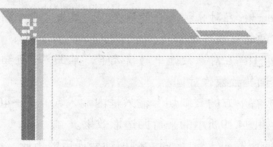

图4.22　绘制直线

③ 按照类似上一步的方法，在上一步绘制的直线右侧再绘制一条略长一些的直线，如图4.23所示。

图4.23　绘制一个长直线

④ 按Ctrl+U组合键或选择"成分"→"填充与线型"命令，弹出如图4.24所示的对话框。

图4.24　"填充和线型"对话框

提示：双击直线工具 ＼ 和约束直线工具 |— 图标，也可以弹出"自定义线型"对话框。另
　　外，在没有选择任何对象的情况下所设置的参数，将作为线条及图形边框的默认参数，
　　即绘制直线或图形时的线宽或边框宽度。

⑤ 在"填充和线型"对话框右半部分的"线型"下拉列表框中选择"自定义"选项，
则弹出如图4.25所示的对话框。

⑥ 在"自定义线型"对话框中设置线型为虚线，大小为"2"，如图4.26所示，单击
"确定"按钮退出对话框。

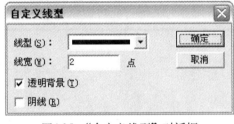

图4.25　"自定义线型"对话框

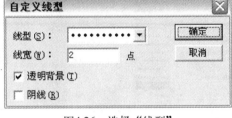

图4.26　选择"线型"

⑦ 返回"填充和线型"对话框，其状态如图4.27所示。单击"确定"按钮退出对话
框，得到如图4.28所示的虚线效果。

图4.27　"填充和线型"对话框

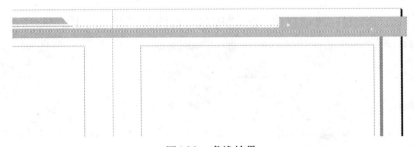

图4.28　虚线效果

⑧ 设置填充色为"无",边框色为"主页图形色-1"。按住Shift键,使用椭圆工具 ◯ 在主页的左上角处绘制如图4.29所示的正圆。

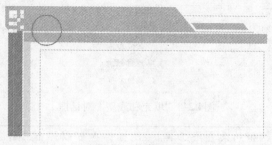

图4.29　绘制正圆

⑨ 使用箭头工具 ▶ 选中上一步绘制的正圆,在"成分"→"线型"子菜单中选择最底部的4pt虚线,如图4.30所示,得到如图4.31所示的效果。

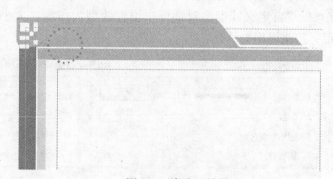

图4.30　选择线型　　　　　　　　　图4.31　虚线圆效果

4.6　绘制三角形

在以上的介绍中,我们学习了直线工具 ╲ 、约束直线工具 ├ 、矩形工具 ▢ 及椭圆工具 ◯ 等绘图工具,本节将介绍最后一个图形绘图工具——多边形工具 ◯ 。

使用多边形工具 ◯ 可以绘制3~100条边的多边形。在本小节的操作中,我们就利用此工具的特性,制作具有向右指示功能的一排箭头效果。

① 打开随书所附光盘中的文件"第4章\主页版式设计5.p65",单击左下角的主页图标进入编辑状态。双击工具箱中的多边形工具 ◯ 图标,默认情况下将弹出如图4.32所示的"多边形设置"对话框。

② 在"多边形设置"对话框中设置"边数"数值为"3",如图4.33所示,单击"确

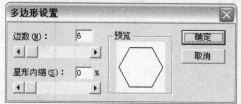

图4.32　"多边形设置"对话框

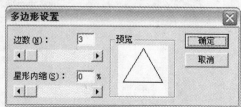

图4.33　设置参数

定"按钮退出对话框。

③ 设置填充色为"主页图形色-2"，边框色为"无"。使用多边形工具 ◌ 在页面右上方的黄色矩形上绘制如图4.34所示的三角形。

图4.34　绘制三角形

④ 使用旋转工具 ◌ 选中上一步绘制的三角形，按住Shift键顺时针旋转90°，然后使用箭头工具 ▶ 重新摆放其位置，得到如图4.35所示的效果。

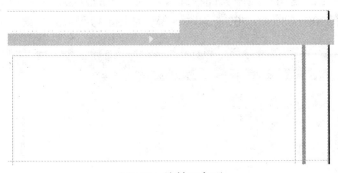

图4.35　旋转三角形

4.7　多重粘贴对象

多重粘贴操作是指通过拷贝、粘贴得到的在距离上具有一定规律的多个复制对象，其中每一份复制品距原对象的距离是相同的。

以下将以当前制作的书籍排版文件为例，介绍多重粘贴对象的操作方法。

① 打开随书所附光盘中的文件"第4章\主页版式设计6.p65"，单击左下角的主页图标进入编辑状态。使用箭头工具 ▶ 选中上一小节绘制的三角形，按Ctrl+C组合键或选择"编辑"→"复制"命令，以复制当前选中的对象。

② 选择"编辑"→"多重粘贴"命令，默认情况下将弹出如图4.36所示的对话框。

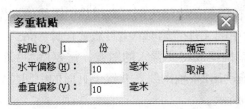

图4.36　"多重粘贴"对话框

③ 通常情况下，首先要对粘贴的距离进行估算，然后反复试验几次，直至粘贴得到满意的间距为止。

④ 在本例中，编者最后试验得到的满意结果是按照图4.37所示参数进行设置的，最终效果如图4.38所示。

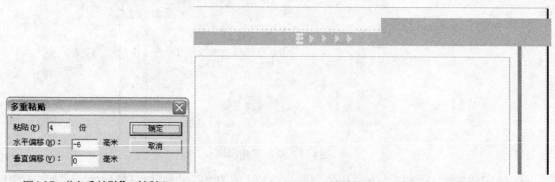

图4.37 "多重粘贴"对话框　　　　　　　　　　图4.38 粘贴得到的三角形

⑤ 按照前面介绍的使用"控制"面板缩放对象大小的方法，将右数第2～5个三角，按照顺序缩放为原来的90%、80%、70%、60%，得到如图4.39所示的效果。

图4.39 缩放三角形

注意：因为不能使用"复原"命令回退至执行多重粘贴动作之前的状态，所以在做多重粘贴之前用户应保存当前出版物。

4.8 裁切图像

为了突出图像的重点，在PageMaker中常常需要剪裁去图像中多余的部分，在此情况下无需在图像编辑软件中将此图像调出进行编辑，用裁切工具 ⌷ 即可解决问题。

以下将以裁切主页中2幅图像的边缘为例，介绍裁切图像的操作方法。

① 打开随书所附光盘中的文件"第4章\主页版式设计7.p65"，单击左下角的主页图标进入编辑状态。为了便于精确摆放将要置入的图像，需要添加2条辅助线。按Ctrl+R组合键显示标尺，在水平标尺上拖动出2条辅助线，并置于页面的中间位置。这2条辅助线中间就是摆放图像的位置，如图4.40所示。

② 按Ctrl+D组合键或选择"文件"→"置入"命令，打开随书所附光盘中的文件"第4章\素材1.TIF"，然后按住Shift键缩小图像，使图像的高度与中间2条辅助线的间距相同，然后置于左侧页面的边缘处，如图4.41所示。

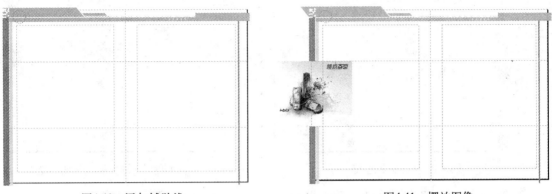

图4.40 添加辅助线　　　　　　　　　　　　　图4.41 摆放图像

③ 按照上述方法，置入随书所附光盘中的文件"第4章\素材2.TIF"，并置于右侧页面的边缘处，如图4.42所示。

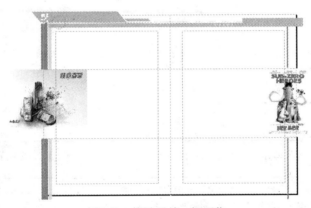

图4.42 摆放另外一幅图像

④ 下面将开始裁切图像。在工具箱中选择裁切工具 ，并单击左侧页面中的图像，以将其选中。将裁切工具 置于图像左侧中间的控制句柄上，如图4.43所示。

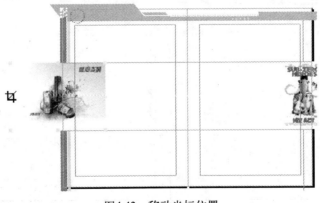

图4.43 移动光标位置

⑤ 按住鼠标左键，开始裁切图像，此时图像及光标将变为如图4.44所示的状态。

⑥ 向右侧拖动鼠标，直至裁切为满意的大小，如图4.45所示。

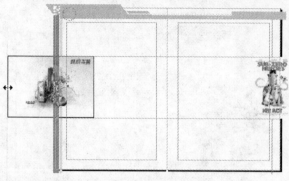 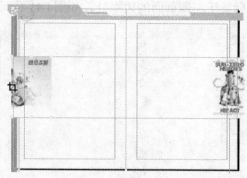

图4.44　按住鼠标左键　　　　　　　　　　图4.45　拖动鼠标以裁切图像

⑦ 按照上述方法对图像的右侧进行裁切，直至得到如图4.46所示的效果。

⑧ 按照上述方法对右侧页面中的图像进行裁切，得到如图4.47所示的效果。

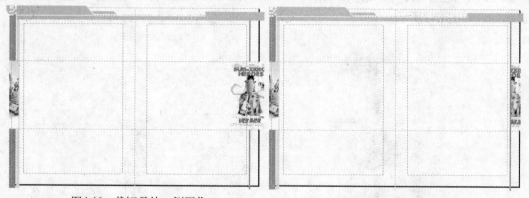

图4.46　裁切另外一侧图像　　　　　　　　图4.47　裁切右侧图像

提示：经过裁切后的图像虽然看不见了，但并没有被真正删除。为了更好地显示所需要的图像，下面将调整裁切对象中要显示的图像部分。

⑨ 选择裁切工具 ⊏⊐ 并将光标置于左侧页面要调整的图像上，如图4.48所示。

⑩ 按住鼠标左键拖动裁切对象中的图像，如图4.49所示，直至将图像调整为满意的效果为止，如图4.50所示。

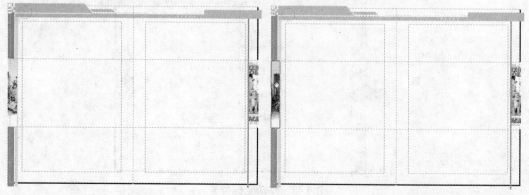

图4.48　摆放光标位置　　　　　　　　　　图4.49　移动图像

⑪ 按照上述方法，对右侧页面的图像进行相同的操作，得到类似如图4.51所示的效果。

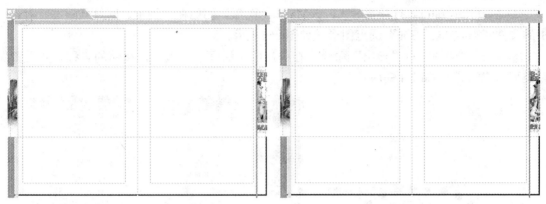

図4.50　移动图像后的效果　　　　　図4.51　移动右侧图像的位置

⑫ 结合使用矩形工具 □ 和多边形工具 ○ ，在左侧图像的右边绘制垂直矩形和三角形，如图4.52所示。

> 提示：在绘制矩形图形时，采用的填充色是"主页图形色-1"；在绘制三角形时，可以使用默认的"红色"。但需要将其转换为CMYK模式的印刷色。

⑬ 按照同样的方法在右侧图像的左边添加一个三角形，得到如图4.53所示的效果，图4.54所示为此时页面的整体效果。

图4.52　在左侧页面绘制
　　　　矩形和三角形

图4.53　在右侧页面
　　　　绘制三角形

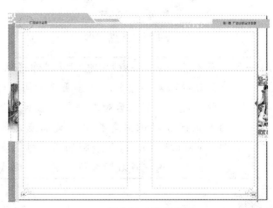

图4.54　整体效果

4.9　置入矢量图形

在前面置入独立位图图像时就已经介绍过，PageMaker允许置入很多种类型的图像，但从本质上来讲，仅仅分为位图图像和矢量图形2种。

由于PageMaker无法绘制复杂的图形，所以多数情况下，需要借助于外部的图形绘制软件，在制作得到需要的图形后再置入到页面中使用。

本节将以置入一个Illustrator矢量图形为例，介绍其操作方法，需要注意的是，PageMaker只能导入Illustrator 8.0格式的图形，所以我们首先要将图形导出为此格式，然后再置入到PageMaker中。

① 启动Illustrator，打开要置入PageMaker的图形，例如在本例中，则打开随书所附光盘中的文件"第4章\素材3.ai"圆点图形，如图4.55所示。

② 选择"文件"→"导出"命令，在弹出的对话框中输入文件存储的名称，并设置保存类型为"*.ai"，如图4.56所示。

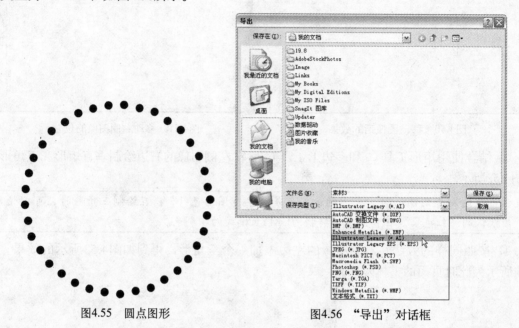

图4.55　圆点图形　　　　　　　　　　图4.56　"导出"对话框

> 提示：虽然在PageMaker中也可以制作得到类似的圆点图形，但在缩放大小后，其中各个圆点仍保持原来的大小，且各圆点的间距过大。而在Illustrator中制作的圆框则不会出现这样的问题。在置入后对其进行缩放时，圆框中的圆点也一同被缩放，对于了解Illustrator的人，还可以根据需要自定义圆点之间的间距。例如图4.57和图4.58所示分别为使用PageMaker和Illustrator绘制的圆点框制作得到的效果。对比后不难发现，后者看起来更为美观一些。这也是我们舍近求远，一定要置入Illustrator图形的原因。

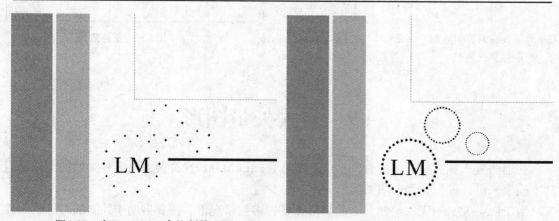

图4.57　在PageMaker中绘制的图形　　　　　　图4.58　置入的Illustrator图形

③ 单击"保存"按钮后将弹出"Illustrator旧版选项"对话框，在"版本"下拉菜单中选择"Illustrator 8"选项，如图4.59所示，选择此选项后的对话框状态如图4.60所示。

图4.59　选择版本　　　　图4.60　"Illustrator旧版选项"对话框

④ 单击"确定"按钮退出对话框，将弹出提示框，直接单击"确定"按钮即可完成输出。

⑤ 打开随书所附光盘中的文件"第4章\主页版式设计8.p65"，单击左下角的主页图标进入编辑状态。按Ctrl+D组合键应用"置入"命令，在弹出的对话框中选择上面输出的ai格式图像。

⑥ 单击"打开"按钮后，PageMaker将花一定的时间来生成矢量图像的缩览图，之后光标将自动改变为置入矢量文件时特有的状态，如图4.61所示。在页面中单击以置入图像，如图4.62所示。

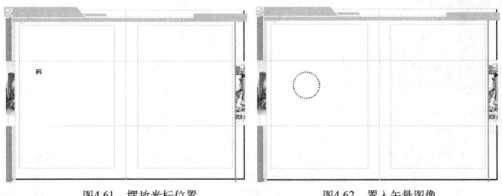

图4.61　摆放光标位置　　　　图4.62　置入矢量图像

⑦ 使用箭头工具 ▶ 选中上一步置入的图形，按住Shift键缩小图形并置于左侧页面左下角处，如图4.63所示。

⑧ 复制2次圆点图形并分别执行缩小操作，然后按照图4.64所示的位置进行摆放即可。

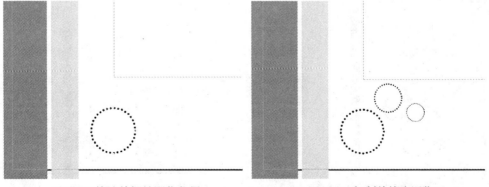

图4.63　缩放并摆放图像位置　　　　图4.64　复制并缩小图像

4.10　群　组　对　象

通常，每次所置入的图像及绘制的图形都是一个单独的对象，当处理多个对象时，选择与编辑这些对象都是一件非常麻烦的事情，此时我们可以将这些对象选中，然后利用"成分"→"组成群组"命令将它们组合成为一个对象。

> 注意：所谓的群组只是将一些对象组合在一起，而各个对象仍然保持着各自独立的关系。当需要对群组中的某个对象进行操作时，可以按Ctrl键单击该对象将其选中，然后进行单独编辑。如果要选择群组中的多个对象，则按Ctrl+Shift组合键单击需要选择的对象即可。

以下将以对主页左下角的3个圆点图形进行群组操作为例，介绍群组的使用方法。

① 打开随书所附光盘中的文件"第4章\主页版式设计9.p65"，单击左下角的主页图标进入编辑状态。使用箭头工具 将主页左下角的3个圆点图形选中，如图4.65所示。

② 按Ctrl+G组合键或选择"成分"→"组成群组"命令，此时从节点就可以看出这3个圆点图形已经被群组为一个对象，如图4.66所示。

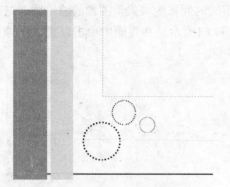 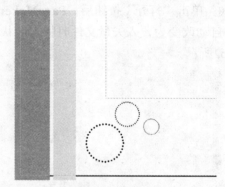

图4.65　选择三个圆点对象　　　　　　　　　　图4.66　群组对象

③ 使用箭头工具 选中上一步的群组对象，按住Ctrl+Alt+Shift组合键并按住鼠标左键向右侧移动，以得到其复制对象，将其置于右侧页面的右下角，如图4.67所示。

> 提示：在上一步的操作中，按Ctrl+Alt组合键是为了在拖动的同时复制对象；按住Shift键则是为了保证对象是沿水平方向移动。

④ 在"控制"面板中将"缩图控制框"的操作中心点设置为中心 ，然后单击"水平翻转"按钮 ，得到如图4.68所示的效果。

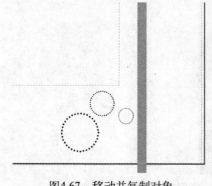 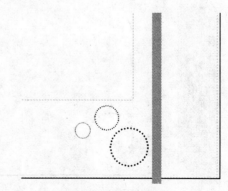

图4.67　移动并复制对象　　　　　　　　　　图4.68　翻转对象

⑤ 设置边框色为"黑色"，选择直线工具 ＼ 并设置线条为粗细为1pt的实线，按住Shift键在页面左下角和右下角的圆环之间绘制一条直线，如图4.69所示。

图4.69　绘制直线

选择"成分"→"解散群组"命令可以解散使用"组成群组"命令得到的群组对象。需要注意的是，无论此群组对象是经几次群组操作得到的，在执行解散命令后，所有对象都将被打散成为独立的对象。

4.11　添加页码及相关文字

对于一本图书，页码是必不可少的元素之一，其作用就是以连续的数字，将书籍中的单个页面按照顺序连接起来，以便于读者查看和阅读。

通常是在主页的左侧页面添加一个"LM"页码通配符，而在右侧页面添加一个"RM"页码通配符，就能够保证整个出版物文件在所有的工作页面上显示正常的页码。

4.11.1　在主页中添加页码

下面就将在主页中为书籍文字添加页码，其操作方法如下：

① 打开随书所附光盘中的文件"第4章\主页版式设计10.p65"，单击左下角的主页图标进入编辑状态。

> 提示：这里所说的"文档主页"是指创建新文件后自动存在的主页，且默认情况下会应用于所有的工作页面。

② 选择横排文字工具 Ｔ ，设置填充色为"黑色"。显示"控制"面板并单击 Ｔ 按钮，按照图4.70所示设置字符属性。

图4.70　"控制"面板

③ 保持在"控制"面板中，单击 ¶ 按钮，然后按照图4.71所示设置段落属性。

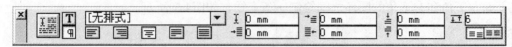

图4.71　设置段落属性

④ 使用横排文字工具 **T** 在主页左下角最大的圆点图形内拖动以插入一个光标，如图4.72所示。

⑤ 按Ctrl+Alt+P组合键或按Ctrl+Shift+3组合键即可插入页码通配符。默认情况下，位于左侧页面中的页码通配符为"LM"，而右侧页面的则为"RM"，如图4.73所示。

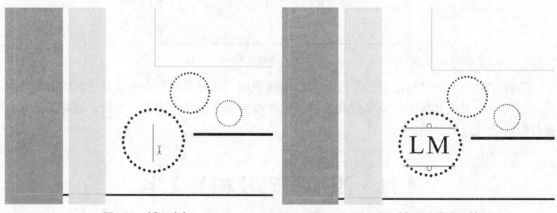

图4.72　插入光标　　　　　　　　　　　图4.73　插入页码通配符

> 提示：在以上添加的页码通配符中，需要拖动其周围的4个控制句柄，使其完全位于圆点图形的中心位置，同时配合前面设置的水平居中段落格式，使页码在变为2位数、3位数时不会出现走位的现象。例如图4.74所示为采用左对齐方式时的页码通配符状态，虽然从当前效果来看是位于圆点图形的中心，但当切换至工作页面查看页码效果时就会发现页码已经走位，如图4.75所示。

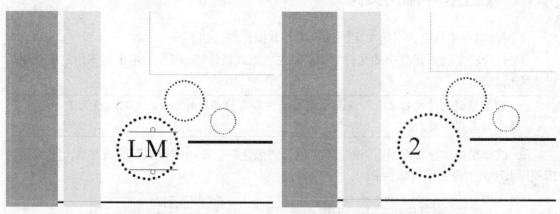

图4.74　页码通配符状态　　　　　　　　图4.75　实际页码状态

⑥ 如图4.76所示为按照上述方法在右侧页面中添加了页码通配符后的效果。如图4.77所示为切换至第3页查看页码时的效果。

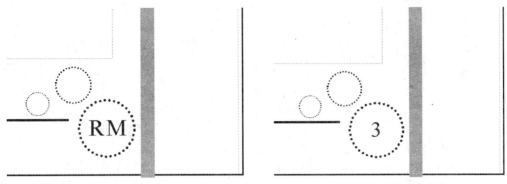

| 图4.76　在右侧添加页码通配符 | 图4.77　页码正确状态 |

⑦　下面将分别在主页左上角和右上角处输入书名及章节名称。由于在此后的每章中都会改变图形色，相对应的主页文字色也会改变，为便于后面修改，我们在此依据"暗红色"创建一个新的颜色。

⑧　复制"暗红色"，在弹出的"颜色选项"对话框中将"名称"改为"主页文字色"，然后单击"确定"按钮即可。

⑨　再按照前面介绍的输入文字的方法，设置文字颜色为"主页文字色"，在左侧页面的左上角输入书名"广告设计艺术"，在右侧页面的右上角输入当前的章名"第1章　广告中的设计要素"，如图4.78所示。

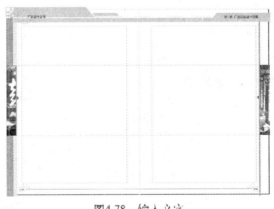

图4.78　输入文字

4.11.2　设置文字背景

通过为文字增加各种背景可以大大丰富版面效果，合适的文字背景、边框将会使文字看起来更引人注目也更具有艺术性。

以下将以当前制作的书籍排版文件为例，介绍其操作方法。

①　切换至主页页面中，使用横排文字工具 **T** 将左上角的文字"广告设计艺术"选中，如图4.79所示。

②　选择"编辑"→"文字背景"命令，在弹出的对话框中选中对话框左上方的"文字背景"复选框，如图4.80所示。

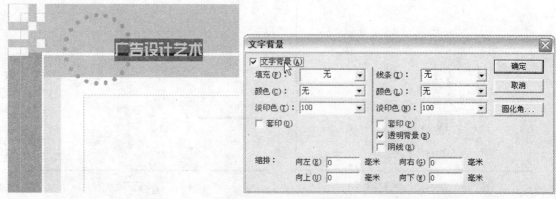

图4.79　选中文字　　　　　　　　　　图4.80　"文字背景"对话框

"文字背景"对话框中的各个重要参数及选项如下所述：

- "缩排"：此选项有"上"、"下"、"左"、"右"四个数值框用以控制背景色相对于文字的方位，正值向相应的方向收缩，负值向外扩张。
- "圆角化"：利用此命令按钮可以使文字的背景或边框具有圆角化效果。执行此操作前需要将文字选中，并在"文字背景"对话框中进行背景色或外框线条的设置，最后单击"圆角化"命令按钮。

③ 本例中，首先需要在"填充"下拉列表框中选择"实色"选项，如图4.81所示。

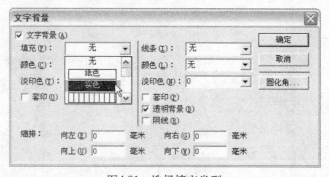

图4.81　选择填充类型

④ 然后在"颜色"下拉列表框中选择文字背景的颜色。例如在本例中，我们希望文字的背景与下面的图形颜色相同，则选择"主页图形色-3"，如图4.82所示。

⑤ 设置完毕后，单击"确定"按钮退出对话框，即可得到如图4.83所示的效果。

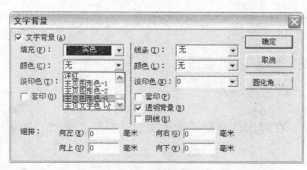

图4.82　选择颜色

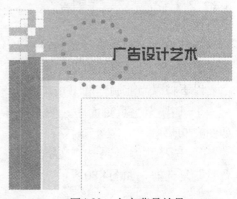

图4.83　文字背景效果

注意：如果在"填充"下拉列表框中选择了"实色"选项，并在其下方的"颜色"下拉列表
　　　框中选择了一种较深的颜色，如"黑色"时，黑色的文字与其背景混在一起，无法看清
　　　文字，这时要在文字被选定的情况下将文字颜色改变成为浅一些的颜色，如白色即可获
　　　得较好的效果。

4.12　复 制 主 页

在某些情况下无需重新建立一个与现存的某个主页有许多相似之处的主页，可以在原主
页基础上建立新的主页，其操作非常简单。

在当前排版的文件中，我们将以每6个页面为单位，在页面左、右两侧更改使用不同的图
像内容，以保证页面的丰富性。例如图4.84所示为当前排版第1章中第2～3页的页面效果，而
图4.85所示则是第8～9页的页面效果，对比可以看出其左、右两侧的图像已经发生了变化。

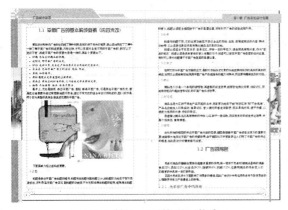
图4.84　第2～3页的页面状态

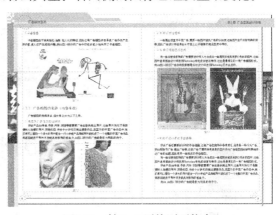
图4.85　第8～9页的页面状态

在以下操作中，将在之前制作的主页基础上，通过复制主页操作，来编辑得到另外一个
略有不同的主页效果。

复制主页的操作非常简单，以下将以当前制作的书籍排版文件为例，介绍复制主页的操
作方法。

① 打开随书所附光盘中的文件"第4章\主页版式设计11.p65"，选择"窗口"→"显示
主页面板"命令以显示"主页"面板，如图4.86所示。

② 将要复制的主页拖至"主页"面板底部的"新建主页"按钮 □ 上，如图4.87所示。

③ 释放鼠标左键即弹出如图4.88所示的"复制主页"对话框。

图4.86　"主页"面板

图4.87　拖动至新建主页按钮

图4.88　"复制主页"对话框

④ 在"复制主页"对话框中的"复制"下拉菜单中选择要复制的主页，然后在"新主页名称"中输入新主页的名称即可，如图4.89所示。

⑤ 单击"复制"按钮即完成复制主页操作，此时系统将默认切换至原主页的编辑状态，此时的"主页"面板如图4.90所示。

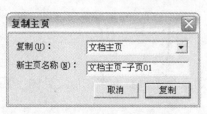

图4.89　输入新主页名称　　　　　　　　图4.90　得到主页

> 提示：如果在拖动复制主页的同时按住Alt键，则按照默认参数创建一个当前主页的副本；在选择了要复制的主页的情况下，按住Alt键直接单击"新建主页"按钮 ⑤ ，即可创建一个所选主页的副本。

除了直接拖动来复制主页外，我们也可以先选中要复制的主页，然后在"主页"面板的面板菜单中选择"复制'XXX'"命令，也同样可以调出"复制主页"对话框。其中"XXX"表示当前所选的主页名称。

4.13　编辑副本主页

创建副本主页的目的就是为了在原主页元素的基础上进行一定量的修改，以得到一个新的主页。以下将介绍对副本主页进行编辑的过程。

① 打开随书所附光盘中的文件"第4章\主页版式设计12.p65"，单击页面左下角的图标 |L|R| 以切换至主页编辑状态。

② 在"主页"面板中选择上一小节复制得到的主页"文档主页-子页01"，以确认下面将对此主页的内容进行编辑。

③ 首先，按住Shift键，使用箭头工具 ▶ 选中左、右两侧中间的图像，按Delete键删除，得到如图4.91所示的状态。

图4.91　删除图像　　　　　　　　　　图4.92　素材图像1

④ 按照前面介绍的置入图像及裁切图像的方法，置入随书所附光盘中的文件"第4章\素材4.TIF"和"第4章\素材5.TIF"，如图4.92和图4.93所示，并按照原来的图像宽度对其进行裁切，摆放正确位置后的效果如图4.94所示。

图4.93　素材图像2

图4.94　摆放并裁切图像

4.14　应 用 主 页

创建主页完毕后，我们将对需要的工作页面应用主页。PageMaker提供了几种应用主页的操作方法，以下将以当前制作的书籍排版文件为例，分别对操作方法进行介绍。

4.14.1　对新建页面应用主页

选择"版面"→"插入页面"命令，默认情况下将弹出如图4.95所示的"插页"对话框。

图4.95　"插页"对话框

"插页"对话框中的参数解释如下：

- "插入__页"：在此数值框中可以输入要插入的页面数值。
- "在当前页面"：在此下拉列表框中选择一个选项，可以设置插入的页面位于当前所选页的前面、后面或中间。
- "主页"：在此下拉列表框中可以选择新页面要应用的主页名称。
- "分别设置左右页面"：选择此复选框后，"插页"对话框将变为如图4.96所示的状态。此时可以分别对左、右两侧的页面指定不同的主页。

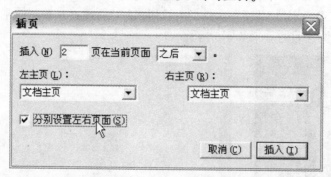

图4.96　选择"分别设置左右页面"复选框时的"插页"对话框

4.14.2　对多个页面应用主页

在PageMaker中，可以同时对连续的和非连续的工作页面应用主页。以下将以对当前制作的书籍排版文件应用前面制作的副本主页"文档主页-子页01"为例，介绍其操作方法。

① 打开随书所附光盘中的文件"第4章\主页版式设计13.p65"，选择"窗口"→"显示主页面板"命令以显示"主页"面板。

② 单击"主页"面板右上方的侧三角按钮▶，在弹出的菜单中选择"应用"命令，默认情况下将弹出类似如图4.97所示的对话框。

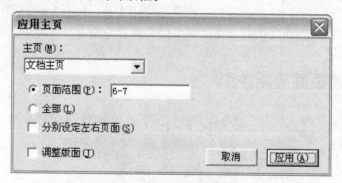

图4.97　"应用主页"对话框

"应用主页"对话框中的重要参数及选项释义如下：

- "全部"：要为全部页面应用当前主页，则选中此单选按钮。
- "分别设定左右页面"：如果要分别为出版物的左页与右页设置主页，可以选中此复选框。
- "调整版面"：如果希望在使用新的主页后，页码范围内的页面能自动调整版面，应选中此复选框。

③ 在"主页"下拉列表框中选择要应用的主页"文档主页-子页01"，如图4.98所示。

④ 在"页面范围"文本框中输入要应用此主页的工作页面，例如当前我们需要将第6页以后的页面应用副本主页，则在其中输入"7-10"，如图4.99所示。

图4.98　选择要应用的主页

图4.99　设置应用范围

⑤ 设置参数完毕后，单击"应用"按钮即可。如图4.100所示为应用主页后第6～7页的状态，可以看出左侧页面仍保留了原主页的版式，而右侧页面则应用了副本主页更换的图像，如图4.101所示为第8～9页的状态，可以看出它们已经完全应用了副本主页的版式。

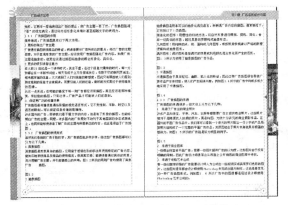

图4.100　应用主页后第6～7页的状态

图4.101　应用主页后第8～9页的状态

> 提示：如果要对非连续的工作页面应用主页，可以在"页面范围"文本框中输入相应的页码，然后中间用英文的","进行间隔即可。例如我们想对第1、7～12、16、18页应用主页，则可以按照图4.102所示进行参数设置。

4.14.3　为双面对页出版物应用不同的主页

如果希望某双面对页出版物的左页面应用某一个主页，可以按住Alt键在"主页"面板中单击要选择的新主页名称图标的左侧小页面，在弹出的类似于图4.103所示的对话框中单击"是"按钮。

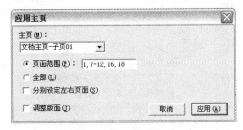

图4.102　"应用主页"对话框

图4.103　应用主页提示框

另外，也可以在"应用主页"对话框中选中"分别设定左右页面"复选框，此时页面将变为如图4.104所示的状态。

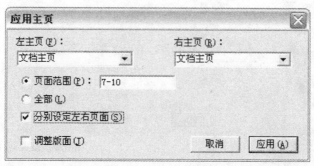

图4.104 "应用主页"对话框

然后分别在"左主页"和"右主页"下拉列表框中选择需要应用的主页名称，再单击"应用"按钮即可。

4.15 检查文档

当制作完成所有的正文内容后，应该对文件进行一次系统的检查，以尽量避免在交稿后出现印刷方面的错误。

以下将以当前制作的书籍排版文件为例，通过几个重点来介绍检查文档的范围及操作方法。

4.15.1 检查并正确设置出血

在PageMaker中创建出版物时不需要为出版物单独增加出血尺寸，只需要在原出版物的边缘增加相当于3 mm左右范围的图形图像内容即可。

例如对于主页图像的左上角的白色矩形块，如图4.105所示，原本只是需要显示出如图4.106所示的效果即可，但为了避免印刷时出现位置偏差，我们刻意将靠近页面边缘的矩形块拉大，以作为出血范围。

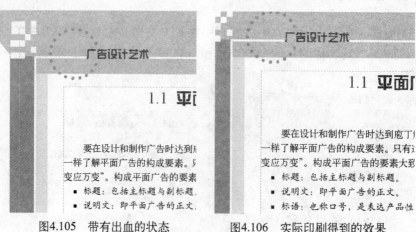

图4.105 带有出血的状态　　　　图4.106 实际印刷得到的效果

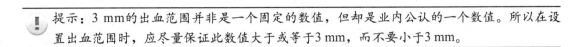

！提示：3 mm的出血范围并非是一个固定的数值，但却是业内公认的一个数值。所以在设置出血范围时，应尽量保证此数值大于或等于3 mm，而不要小于3 mm。

4.15.2　检查字体使用情况

为了避免中文内容使用了英文字体而引起的乱码问题，或英文内容使用了中文字体，导致影响英文内容的美观性以及印刷效果，我们有必要确认是否正文中所有的文字都应用了正确的复合字体。

通常可以采用以下2种方法对所使用的字体进行检查。

1．利用"排式"检查字体

以下将以当前制作的书籍排版文件为例，介绍利用"排式"检查字体使用情况的操作方法。

① 打开随书所附光盘中的文件"第4章\主页版式设计14.p65"（读者可根据需要打开要检查的正文）。

② 选择箭头工具 并在没有选中任何对象的情况下，显示"排式"面板。

③ 双击"排式"面板中顶部第1个正文中应用过的排式名称，在弹出的"排式选项"对话框中单击右侧的"字符"按钮，在弹出的"文字规格"对话框中查看"字体"下拉列表框中所设置的内容。

④ 如果当前使用的是一个复合字体，则说明所有应用了此排式的内容都不存在字体问题。

⑤ 重复第③～④步的操作方法，对"排式"面板中的每一个排式进行检查。

⑥ 如果发现有未使用复合字体的排式，应及时更换对应的复合字体。

使用此方法需要注意的是，必须确保所有的文字内容都应用了排式，否则将无法查出未应用排式的内容是否应用了正确的复合字体。另外，此方法适用于排式较少的出版物，所以在当前制作的书籍排版文件中，编者建议使用下一个方法进行字体检查。

2．利用"出版物信息"命令检查字体

以下将以当前制作的书籍排版文件为例，介绍利用"出版物信息"命令检查字体使用情况的操作方法。

① 打开随书所附光盘中的文件"第4章\主页版式设计14.p65"（读者可根据需要打开要检查的正文）。

② 选择箭头工具 并在没有选中任何对象的情况下，选择"工具"→"增效工具"→"出版物信息"命令，默认情况下将弹出类似如图4.107所示的对话框。

③ 在"出版物信息"对话框底部的"显示"区域中，选中一个复选框即可显示出与之相关的全部信息，而取消选中一个复选框则隐藏与之相关的所有信息。当前我们需要查看的是字体使用情况，所以仅选中"字体"和"仅显示在出版物内所用的字体及文字组合"复选框，如图4.108所示。

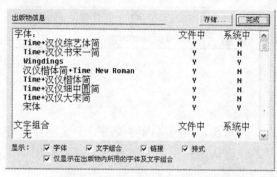
图4.107 "出版物信息"对话框

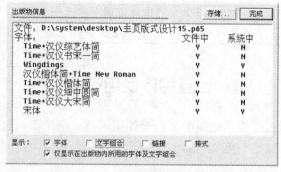
图4.108 仅显示所应用的字体

④ 此时观察"出版物信息"对话框中的字体使用情况,如果发现有单独使用的中文字体,应找到该文字所在的位置,然后决定是否需要对该文字应用复合字体。

⑤ 通常情况下,在"出版物信息"对话框中都会显示出系统字体"宋体",为了保险起见,可以利用"查找"命令查看出版物中是否真的使用了该字体。

⑥ 按Ctrl+E组合键应用"编辑文章"命令以进入文章编辑器中,按Ctrl+F组合键应用"查找"命令,以调出其对话框。

⑦ 单击"查找"对话框右侧的"文字属性"按钮,在弹出的对话框中设置"字体"为"宋体"即可,如图4.109所示。单击"确定"按钮退出对话框。

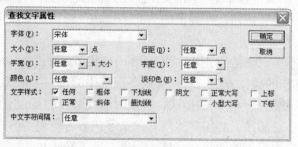
图4.109 "查找文字属性"对话框

⑧ 单击"查找"对话框右侧的"查找"按钮,如果找到使用了"宋体"的内容应及时更换字体,否则就会担心印刷时出现问题。

使用此方法在查看所应用的字体时较为方便,但如果遇到问题需要修改时,还需要进入文章编辑器状态,并借助于"查找"命令,因此在操作方法上略显烦琐,读者在实际工作过程中,可以根据实际情况选择使用哪种方法检查字体。

4.15.3 检查用色

为了确保在PageMaker中设置的颜色能够正确地出片印刷,我们需要检查所有使用的颜色是否为CMYK模式的印刷色,以下将以当前制作的书籍排版文件为例,介绍其操作方法。

① 打开随书所附光盘中的文件"第4章\主页版式设计14.p65"(读者可根据需要打开要检查的正文)。

② 选择箭头工具 ▶ 并在没有选中任何对象的情况下,显示"颜色"面板。

③ 单击"颜色"面板右上角的侧三角按钮 ▶,在弹出的菜单中选择"移出未用颜色"

命令，此时将弹出类似图4.110所示的提示框。

> 提示：对于一个没有在出版物中使用过的颜色，如果在"颜色"面板中选择了该颜色，
> 　　　PageMaker也会认为该颜色是被使用的，所以在选择"移出未用颜色"命令前，要确认当
> 　　　前选择的是"无"色，或一个当前出版物已经使用过的颜色。

④ 在提示框中单击"全部皆是"按钮，以删除所有未使用的颜色，然后将弹出类似图4.111所示的提示框，报告所删除的颜色数目，单击"确定"按钮退出对话框即可。

图4.110　删除颜色提示框　　　　图4.111　删除颜色数目提示框

⑤ 在删除未用颜色后，此时"颜色"面板中的状态如图4.112所示。

> 提示：当前应在"颜色"面板的弹出菜单中选中"显示颜色模式图标"、"显示颜色类别图
> 　　　标"2个选项，如图4.113所示。

图4.112　"颜色"面板　　　图4.113　"颜色"面板弹出菜单

⑥ 此时应确认"颜色"面板中除了颜色"无"、"纸色"和"套版色"这3个颜色外，其他颜色右侧都应同时显示▨和▨图标，以确认所有颜色均为CMYK模式的印刷色。

4.15.4　检查链接图

对于一个PageMaker出版物来说，链接图的链接正确与否，决定了最终印刷出来的书籍是否拥有高品质的图像内容，所以此项目检查显得尤为重要。以下将以当前制作的书籍排版文件为例，介绍检查出版物的链接图像状态的操作方法。

① 打开随书所附光盘中的文件"第4章\主页版式设计14.p65"（读者可根据需要打开要检查的正文）。

② 按Ctrl+Shift+D组合键或选择"文件"→"链接"命令，默认情况下将弹出如图4.114

所示的对话框。

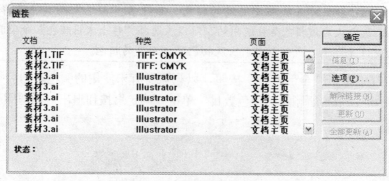

图4.114 "链接"对话框

③ 拖动"链接"对话框中的滑块以仔细查看所有链接图像的链接状态,如果没有任何特殊符号,则证明所有的链接图像均无问题。

4.15.5 将图像转换成为CMYK模式

检查完图像无异常状态后,就应该将所有RGB模式的链接图像转换为CMYK模式,此时我们需要利用Photoshop中的动作和批处理命令完成该操作。关闭当前出版物,启动Photoshop软件。

> 提示:编者当前使用的是Photoshop CS2版本。首先,需要录制用于批量转换图像模式的动作。

① 打开任意一幅链接出版物的链接图像,例如编者当前打开的图像。

② 按F9键显示"动作"调板,单击调板底部的"创建新组"按钮 ⬚ ,在弹出的对话框中单击"确定"按钮即可,以创建一个名为"组1"的动作序列。

③ 选择上一步创建的动作序列,再单击"创建新动作"按钮 ⬚ ,在弹出的对话框中设置新动作的名称,如图4.115所示,单击"记录"按钮开始录制动作。

④ 选择"图像"→"模式"→"CMYK颜色"命令,将当前图像转换为CMYK模式。

⑤ 按Ctrl+S组合键或选择"文件"→"存储"命令保存对当前图像文件的修改,按Ctrl+W组合键或选择"文件"→"关闭"命令关闭当前图像文件。此时"动作"调板中的状态如图4.116所示。

图4.115 "新建动作"对话框　　　图4.116 录制动作状态下的"动作"调板

⑥ 单击"停止播放/记录"按钮 ⬤ 停止录制动作,选择"文件"→"自动"→"批处理"命令,将弹出类似如图4.117所示的对话框。

⑦　在"批处理"对话框顶部的"组"下拉列表框中选择要转换图像的动作所在的组，然后在"动作"下拉列表框中选择动作"转换为CMYK模式"。

⑧　在"源"下拉列表框中选择"文件夹"，然后单击"选取"按钮，在弹出的对话框中选择要转换为CMYK模式的链接图像所在的文件夹。

⑨　设置参数完毕后的"批处理"对话框如图4.118所示。单击"确定"按钮即开始转换图像的模式，直至转换完毕为止。

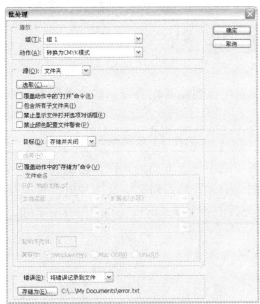

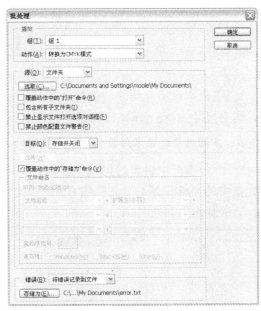

图4.117　选择要应用的动作　　　　　图4.118　选择要处理文件所在的目录

提示：如果中途想停止转换，可以按Esc键。

⑩　将所有的图像都转换完毕后，需要分别打开所有的PageMaker文件，使其更新转换为CMYK模式后的图像链接，然后关闭并保存PageMaker文件即可。

提示：本例最终效果文件为随书所附光盘中的文件"第4章\主页版式设计15.p65"。

4.16　练　习　题

1．在下列操作中，无法使用裁切工具完成的是（　　）。

A．移动图文框中的图像　　　　　　B．移动遮色对象中的图像

C．裁切图文框　　　　　　　　　　D．移动图文框中的文字

2．在PageMaker中显示标尺的快捷键是（　　）。

A．Ctrl+B键　　　B．Ctrl+R键　　　　C．Ctrl+F键　　　　D．Ctrl+D键

3．在出版物页面中操作不能更改主页上的哪些元素？（　　）

A．图形对象　　　B．文字属性　　　C．辅助线位置　　　D．页码位置

4．在主页上创建页码标记的快捷键是（　　）。

A．Ctrl+Shift+L　　B．Ctrl+Shift+Y　　C．Ctrl+Shift+2　　D．Ctrl+Shift+3

5. 当用户选中了处于不同层上的多个对象，并要将这些对象移至同一个层上时，可以采用下列哪种操作？（　　）

A. 可以多次选中不同层，以将这些对象全部移至某一个图层中

B. 可以多次拖动不同层上的彩色点，以将这些对象全部移至某一个图层中

C. 可以多次拖动不同层上的彩色点，以将这些对象全部移至除默认图层外的所有图层中

D. 可以多次选中不同层，以将这些对象全部移至除默认图层外的所有图层中

4.17　上机练习

1. 结合本章中介绍的软件技术等知识，尝试制作得到如图4.119所示的IT类图书主页版式，图书尺寸为188 mm×260 mm。

> 提示：本题的最终效果为随书所附光盘中的文件"第4章\上机练习1\版式.p65"

2. 结合本章中讲解的排式、置入行间图等关于图书排版方面的知识，尝试利用随书所附光盘中的文件"第4章\上机练习2\广告文字设计.p65"，然后对文字及图片进行置入及编排，尝试制作得到如图4.120所示的效果。至少应对其中各个样式的设置及应用有所掌握。

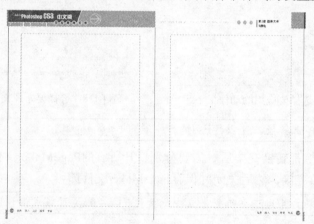

图4.119　图书版式设计

图4.120　编排后的页面内容

第5章 在PageMaker 中设计书籍封面

要 求

- 掌握使用PageMaker设计书籍封面的常用技术。

知识点

- 了解封面的基本概念。
- 掌握封面的构成。
- 了解书脊厚度的计算方法。
- 了解封面尺寸的计算方法。
- 掌握封面设计中的常用术语。
- 了解锁定/解锁对象的操作方法。
- 熟悉图层及其相关操作。
- 掌握绘制图形并设置其属性的操作方法。
- 掌握添加文字并设置其属性的操作方法。
- 掌握对齐对象的操作方法。
- 掌握为对象增加遮色的操作方法。

重点和难点

- 封面的构成。
- 封面设计中的常用术语。
- 图层及其相关操作。
- 对齐对象。
- 为对象增加遮色。

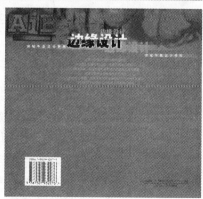

5.1　封面的基本概念

在早期，纸质书籍由于纸张的品质较差，很容易在翻阅和搬运过程中受到不同程度的磨损，于是就将一些较为结实的纸、木片甚至金属，制作成适当的大小及形状，将书籍保护起来，这也就是最初的"封面"，并慢慢流传至今。

时至今日，封面仍然起着保护书籍正文内容不受损毁的作用，并发展成为书籍必不可少的组成部分，但其更为重要的一个作用，就是图书的自我宣传。

简单地说，当读者在挑选要购买的图书时，最先看到的就是书籍的封面，而封面在颜色、版式、图像以及提示信息等方面设计得好与坏，即能否利用这些元素引起读者的兴趣，将决定读者是否会进一步翻阅这本书，即是否会深入了解这本书，最终决定是否发生购买行为。

由以上分析，我们不难看出一本书封面设计得好坏与其销量之间的关系。但同时需要注意的是，书籍封面的尺寸是有限的，不像其他平面广告或户外广告那样，在需要的情况下可以随意加大尺寸。要在封面这样有限的空间内，设计出优秀的封面作品，则需要我们在设计过程中不断地去探索和学习。

5.2　封面的构成

通常情况下，封面是由正封、封底及书脊这3个基本元素所组成，例如图5.1所示是一个最基本的封面结构示意图。一部分书籍还会在正封及封底切口的边缘增加约50～100 mm宽度的勒口，用于写入作者简介或其他的说明性文字，其示意图如图5.2所示。

图5.1　最基本的封面结构　　　　图5.2　带有勒口的封面结构

在上面两幅图所标示的封面结构中，各部分名称的解释如下：

- 正封：又称书皮、封一。通常位于一本书正面，出现在该页面上的主要有书名、作者及出版社名称等内容。例如图5.3所示为一些书籍的正封设计作品。
- 书脊：又称封脊，位于正封与封底之间，其尺寸就代表了书的厚度，所以在创建封面文件前，一定要计算好书脊的宽度，这样才能确定封面的宽度尺寸，然后再制作封面。

图5.3　书籍的正封设计作品欣赏

■ 封底：又称封四、底封。通常位于一本书的背面，该页面主要用于显示出书号（即ISBN号）、条形码和定价，另外还会加入大段的、对书籍进行介绍的文字。在多数杂志中，封底也会被用于刊登一些广告或图书的版权信息。如图5.4所示为一些标准的封底设计作品。

图5.4　封底示例

5.3　计算书脊厚度

在整个图书封面的制作过程中，计算书脊厚度显然具有非常重要的意义，如果不计算书脊厚度的数值，则无法正确设置文件的大小，更谈不上得到一个能够印刷的封面。

通常，计算书脊厚度的工作由印务来进行，但如果能够掌握下面所介绍的公式，则每一个封面设计者都可以自己计算出书脊的厚度。

在图书出版行业，书脊厚度的计算公式如下：

印张×开本÷2×纸的厚度系数。

或者也可以使用下面的公式：

全书页码数÷2×纸的厚度系数。

例如：一本16开的书籍，共有正文314页，扉页、版权页、目录页共14页，使用80克金球胶版纸进行彩色印刷，则其书脊厚度的计算方法如下：

首先，计算出整本书的印张数：

（314+14）÷16=20.5个印张

然后，按书脊厚度计算公式进行计算：

20.5×16÷2×0.098≈16毫米

由于已知全书的页码数为328，因此也可以直接使用第二个公式进行计算，即：

328÷2×0.098≈16毫米

> 提示：80克金球胶版纸的厚度系数为0.098，由于不同类型的纸的厚度系数各不相同，因此在
> 计算时需要与供纸商进行沟通，以得到精确的厚度系数数值。

以当前要制作的旅游封面为例，其规格为16开的黑白印刷的书籍，共有正文380页，扉页、版权页、目录页共12页，使用50克书写纸，则其书脊厚度的计算方法如下：

（380+12）÷2×0.061=11.956≈12毫米

> 提示：虽然本书有8个彩色插页，但这些页面的厚度，可以在实际计算过程中忽略不计。

5.4 计算封面尺寸

封面的高度，通常与所选开本对应的高度完全相同，例如当前制作的封面设计文件中，其开本为正16开，其尺寸是：宽度×高度=185 mm×260 mm，即整个封面的高度也同样为260 mm。

对于封面的宽度，在设计时需要将正封、书脊与封底三者的宽度尺寸相加。例如当前制作的封面设计文件中，其封面的宽度就应该是：正封宽度+书脊宽度+封底宽度=185 mm+12 mm+185 mm=382 mm。

> 提示：当我们在Photoshop中为封面制作底图时，在设计图像时应在四边分别加入3 mm的出血
> 范围，否则当我们将底图导入到PageMaker中时，将没有任何出血可用，进而可能会在最
> 终印刷时出现不必要的问题。

5.5 封面设计常用术语概述

与书籍排版一样，在封面设计过程中，也经常会遇到各种相关的术语，例如正封、书脊、勒口、ISBN号、条形码及出版社等，以下将分别对这些常见的术语进行介绍。

5.5.1 勒口

勒口就是封面、封底切口处多留出来的50～100 mm的页面，通常用于摆放作者简介或图书简介等内容。例如图5.5所示为几幅带有勒口的封面照片。

图5.5　带有勒口的封面

5.5.2　封二

封二是位于封面页的背页，可以为空白，也可以印刷一些相关的宣传内容，在多数的杂志中，此页则为广告或目录等内容。例如图5.6所示为一些在封二页中增加的宣传内容。

图5.6　封二印刷的宣传内容

5.5.3　封三

封三就是位于封底页的背面，通常为空白。在多数杂志中，封底也会被用于刊登一些广告内容，或用于发布一些信息等。

5.5.4　条形码

简单地说，条形码就是利用黑、白条纹之间在光学上的反差，依靠专门的条形码识别系统，可以读取出其所代表的信息。准确地讲，条形码是一组粗细不同，按照一定的规则安排间距的平行线条图形，常见的条形码是由反射率相差很大的黑条（简称条）和白条（简称空）组成的。

利用条形码，可以标示出产品的出产国家、制作厂商、商品名称、生产日期等多项内容，因而条形码在商品流通、图书管理、邮电管理、银行系统等许多领域都得到了广泛的应用。

条形码通常都与ISBN号按照上下顺序摆放在一起，对于一本图书来说，通常会将条形码放置在封底底部的某个位置，而对于杂志等期刊，则通常放置在正封的底部某个位置。

如图5.7所示为几幅印于图书封底底部的条形码示例，如图5.8所示为几幅印于杂志正封底部的条形码示例。

图5.7　条形码位于封底

图5.8　条形码位于正封

5.5.5　ISBN号

ISBN是英文International Standard Book Number的缩写，即国际标准书号，通常将其简称为ISBN号或书号。它由四段共十位数字组成。例如在图5.9所示的条形码中，其ISBN号为"ISBN 7-5003-5388-X"，除了前面的英文ISBN外，其他的数字及字母都由"-"符号间隔开，每个被间隔开的数字或字母都是单独的一段。

图5.9 条形码示例

以下将分别对各段文字的功能进行介绍：

- 第1段文字：本段文字是由国际书号中心负责分配的组号，用于代表国家、地区或语言等。例如中国的组号为7。
- 第2段文字：本段文字代表出版社的序号，该序号由国家标准书号中心负责分配，例如清华大学出版社的序号为302，中国青年出版社的序号为5006。
- 第3段文字：本段文字代表着图书的序号，通常会由出版社自行分配。
- 第4段文字：本段文字为校验码，可以校验出条形码是否正确。通常校验码为0～9的一位数字，如果为10时，则标记为X。

5.6 创建封面文件

本章是为图书《食疗》设计的一款封面，如图5.10所示。在设计过程中，将以绿色作为整个封面的主体色调，然后配合对于图形、图像以及文字的编排，完成整个封面作品。

图5.10 完成后的封面效果

首先，我们来创建封面文件，并依据即定的文件尺寸添加辅助线，其操作步骤如下所述。

① 选择"文件"→"新建"命令后设置弹出的"文档设定"对话框，如图5.11所示。

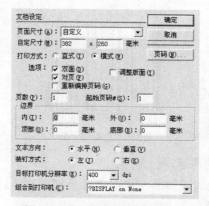

图5.11 "文档设定"对话框

提示：在"文档设定"对话框中，宽度数值(382 mm)=正封宽度(185 mm)+书脊宽度(12 mm)+封底宽度(185 mm)；高度数值(260 mm)=文件的高度(260 mm)。

---

② 单击"确定"按钮，创建得到新的封面文件。

③ 按Ctrl+R组合键显示标尺，使用箭头工具 ↖ 在垂直标尺上拖出两条辅助线，分别置于185 mm和197 mm处以标定出书脊的位置，得到如图5.12所示的效果。

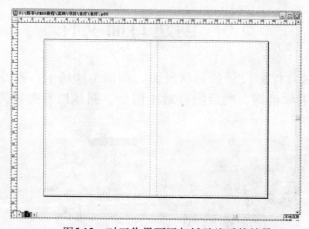

图5.12 对工作界面添加辅助线后的效果

④ 按Ctrl+S键保存文件，在弹出的对话框中设置文件保存的名称为"《食疗》图书封面设计.p65"。

5.7 绘制封面背景图形

5.7.1 定义颜色并绘制图形

在本节中，将结合图形绘制功能，制作封面背景中的内容，其操作方法如下：

① 打开随书所附光盘中的文件"第5章\《食疗》图书封面设计6.p65"。

② 选择"窗口"→"显示调色板"（或按Ctrl+J组合键），单击面板下方的"新建颜

色"按钮 ，设置弹出的对话框，如图5.13所示。设置填充颜色为"绿色1"，边框颜色为
"无"，使用矩形工具 □，绘制一个覆盖页面左侧（即封底）的矩形，如图5.14所示。

图5.13 "颜色选项"对话框   图5.14 绘制矩形

③ 继续单击"颜色"面板下方的"新建颜色"按钮 □，设置弹出的对话框，如图5.15
所示。设置填充颜色为"绿色2"，边框颜色为"无"，使用椭圆工具 ○，在封面的上方绘
制一个椭圆，如图5.16所示。

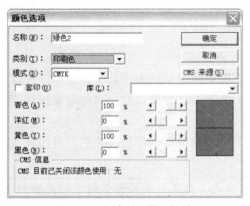

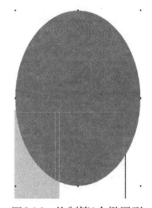

图5.15 "颜色选项"对话框   图5.16 绘制第1个椭圆形

④ 再次单击"颜色"面板下方的"新建颜色"按钮 □，设置弹出的对话框，如图5.17
和图5.18所示。

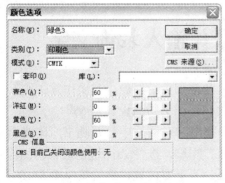

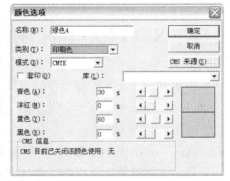

图5.17 绿色3颜色选项设置   图5.18 绿色4颜色选项设置

⑤ 接着设置填充颜色分别为"绿色3"和"绿色4"，边框颜色都是为"无"，使用椭

圆工具 ◯，在封面的上方（即刚刚绘制的椭圆上面）分别绘制两个椭圆，如图5.19和图5.20所示。

⑥ 分别选中第③步和第⑤步中绘制的3个椭圆，按Ctrl+G组合键应用"组成群组"命令，以将其群组，并按Ctrl+Shift+[组合键应用"移至最后"命令，得到如图5.21所示的效果。

  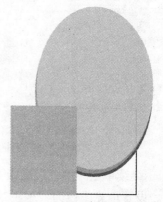

图5.19　绘制第2个椭圆　　　图5.20　绘制第3个椭圆　　　图5.21　应用"移至最后"命令

5.7.2　锁定与解锁

选择"成分"→"锁定位置"命令可以锁定选定对象的位置，此时不可再改变此对象的位置，或对其执行缩放、旋转等操作，也不可删除此对象，直至对此对象执行"解除锁定"命令。

每一个被锁定的对象在被选中的状态下，其控制句柄都呈现灰色不可控制状，"控制"面板上的数值也呈现灰色不可输入改变状态。

> 注意：对所选对象做此操作后被锁定的仅仅是其位置，所以如果锁定的是绘制出的图形，仍可以改变其线型、填充类型；如果锁定的是文字对象，仍可以改变其字体、字号等属性，在此文本对象中增删文字也不会受到影响。

选择"成分"→"解除锁定"命令，可以解除被锁定对象的锁定状态。

5.8　置入主体图像并输入装饰文字

在本节中，将利用"置入"命令在封面置入几幅相关的图像，其操作方法如下：

① 打开随书所附光盘中的文件"第5章\《食疗》图书封面设计7.p65"。

② 按Ctrl+D组合键应用"置入"命令，在弹出的对话框中打开随书所附光盘中的文件"第5章\素材1.tif"，如图5.22所示。使用箭头工具 ▖，按住Shift键拖动素材图像中的控制句柄以缩小图像，并将其置于页面的右侧（即正封）下方位置，然后按Ctrl+Shift+[组合键应用"移置最后"命令，得到如图5.23所示的效果。

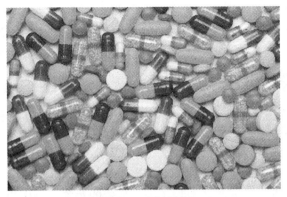

图5.22　素材图像

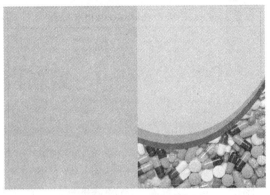

图5.23　置于页面的右侧位置

③ 按Ctrl+J组合键显示"颜色"面板，单击面板下方的"新建颜色"按钮 ，设置弹出的对话框，如图5.24所示。

④ 选择"编辑"→"直排"命令，再选择直排文字工具 **T**，设置适当的字体、字号、字距和行距，字体颜色为"绿色5"，在正封上方输入关于食疗的说明文字，得到如图5.25所示的效果。

⑤ 按Ctrl+D组合键置入随书所附光盘中的文件"第5章\素材2.tif"，如图5.26所示。使用箭头工具 **↖**，将其移至正封中间靠左位置，并按Ctrl+[组合键应用"置后"命令，得到如图5.27所示的效果。

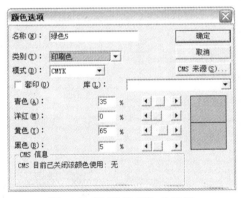

图5.24　"颜色选项"对话框

图5.25　输入文字

图5.26　素材图像

图5.27　置于页面中的位置

注意：素材图像已在Photoshop中经过剪贴路径处理，因此置入文件后有褪底的效果。

5.9　为新内容创建新图层

Adobe公司的产品中大多数具有图层概念，这些概念相似而且相通，操作也基本相同。PageMaker 6.5也不例外，每一个PageMaker 6.5的出版物中都包含了一个或多个图层。

可以简单地将图层想象为一叠上下相互重叠的透明胶片，每一层透明胶片上都具有文字或图像。每一层具有实色的透明胶片，将遮住下一透明胶片上处于同一位置的对象，当用户从最上面一层透明胶片向下看去，得到层层胶版相重叠、覆盖的效果。

PageMaker 6.5具有较强的图层管理功能，允许用户为每个出版物创建一个或多个图层。在出版物中通过使用多个图层，用户可以创建和编辑特定的区域或内容种类而不影响其他的区域或内容种类。例如，如果用户在一个特定的图层置入了文本，而在另一图层放入了图像，用户可以临时隐藏图像图层以便更容易地编辑文本。

5.9.1　创建及锁定图层

至此，已经完成了正封中的主体图像内容的制作，后面的操作将开始增加书名等内容，为了避免误操作，我们将当前的图层锁定，并创建一个新图层添加内容，其操作方法如下：

① 打开随书所附光盘中的文件"第5章\《食疗》图书封面设计8.p65"。

② 按Ctrl+8组合键显示"图层"面板，如图5.28所示。

③ 单击"新建图层"按钮 ，弹出的对话框如图5.29所示。

④ 单击"确定"按钮退出对话框，得到一个名为"图层 2"的图层，并将"默认"图层锁定，如图5.30所示。

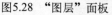

图5.28　"图层"面板

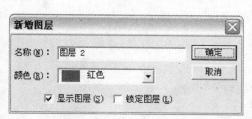

图5.29　"新增图层"对话框

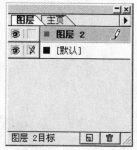

图5.30　创建得到新图层

"新增图层"对话框中的参数解释如下：

- "名称"：在此文本框中输入文字，用于确定新图层的名字。
- "颜色"：在此下拉列表框中可以为每个图层选择不同的颜色，用于区分出版物中的图层。当用户选择一个对象时，它的控制点将显示为图层的颜色。每个图层所选的颜色显示在"图层"面板左侧图层名称的旁边。

- "显示图层"：选择此复选框，"图层"面板中该图层最左侧的眼睛图标显示，以表示该图层中所有对象将显示出来。
- "锁定图层"：选中此复选框，则新建立的图层将处于被锁定的状态，该图层眼睛图标右侧显示锁定图标。

5.9.2　选择图层

当前出版物中有多个图层时用户需要选择某个图层，可以在"图层"面板中单击该图层使其灰底显示，也可以在出版物页面中单击选择该图层上的某一操作对象，则"图层"面板自动跳转选择该图层。如图5.31所示，选择文本块其控制句柄显示为绿色，"图层"面板中选择的是绿色显示的"文本层"。

图5.31　选择图层显示状态

5.9.3　复制图层

在"图层"面板中进行复制操作，可以选择要复制的图层，将其拖至"图层"面板下方的"新建图层"按钮上，如图5.32所示。

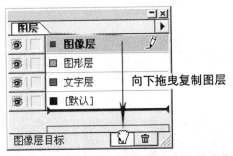

图5.32　拖动"图像层"至"新建图层"按钮

然后在弹出的"新增图层"对话框中，设置图层名称、颜色，如图5.33所示，单击"确定"按钮退出"新增图层"对话框，即完成图层的复制操作，如图5.34所示。

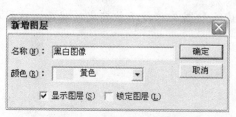

图5.33 "新增图层"对话框

图5.34 复制得到新图层

5.9.4 显示／隐藏图层

对于出版物中对象多、图层多的页面，隐藏某些图层可以使操作更方便，当然，隐藏的图层也随时可以根据需要显示出来。显示／隐藏图层可以按以下步骤操作。

① 单击"图层"面板图层名称最左边框中的 ◉ 图标使其隐藏，表明当前图层被隐藏。

② 再次单击该区域显示 ◉ 图标，表示当前图层正显示。

③ 选择想要查看的一个或多个图层，单击"图层"面板右侧的侧黑三角按钮，在弹出的菜单中选择"隐藏其它"命令，即在"图层"面板中隐藏除选定图层以外的其他所有图层。

④ 若要显示全部图层，可单击"图层"面板右侧的侧黑三角按钮，在弹出的菜单中选择"全部显示"命令。也可以按住Alt键单击任何隐藏的图层名称左边的最左边缘框，出现眼睛图标，表明图层是可见的。

> 提示：按住Alt键单击此图层左侧的眼睛图标，也可以隐藏其他图层；隐藏图层不仅控制图层的显示与否，还与它能否打印和编辑有关。因此，在编辑页面中的对象时要保持每个元素的存在。特别是在打印输出时，要确保所需的对象均是显示状态。

5.9.5 改变图层选项

要对选中的图层选项参数进行调整，可以在"图层"面板中设置，其操作步骤如下：

① 在"图层"面板中选择要改变选项的图层，改变前图像的控制句柄显示为如图5.35所示的洋红色。

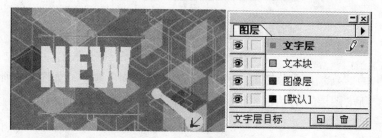

图5.35 改变前图层状态

② 单击"图层"面板右侧的侧黑三角按钮在面板菜单中选择"图层选项"命令，设置

"图层选项"对话框，如图5.36所示。

③ 单击"确定"按钮退出"图层选项"对话框，图像的控制句柄显示为黄色，如图5.37所示。

图5.36　"图层选项"对话框

图5.37　改变图层选项后的效果

5.9.6　改变图层顺序

每一个图层中的对象按照它们创建的先后顺序堆叠，每创建一个对象都堆叠在以前所有的对象之上，除非人为改变其顺序。

而在"图层"面板中图层的排列顺序也影响对象的顺序，处于面板上方的图层上的对象总是在层叠对象的上面，依次类推。

> 提示：主页对象可以被放置在任何图层，但是不论图层如何排列，在出版物页面上它们显示
> 在页面的所有其他对象后面。

要改变图层的顺序，只需要在"图层"面板中拖动该图层上、下移动至新位置而后释放光标即可，如图5.38所示，改变后的效果如图5.39所示。

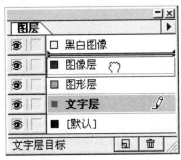

图5.38　向上拖动图层

图5.39　改变顺序后的效果

> 提示：一个群组中的对象总是位于同一图层，图文框中的内容和图文框也位于同一图层。如
> 果用户从不同图层上组成对象群组，群组中的所有对象将被放在最前图层，正好在群组
> 中最前面对象的后面。

5.9.7　改变图层中的对象

对图层进行控制的本意是使图层中的对象能更方便于操作，因此，下面介绍通过图层控制操作对象的方法。

1．选择对象

按下列方法操作可选择当前图层上的所有对象。

① 在"图层"面板上单击选择目标图层。

② 单击"图层"面板右侧的侧黑三角按钮，在弹出的面板菜单上选择"选择目标图层"命令，该图层中的所有对象均被选中。

2．移动对象

用户可以使用"图层"面板将对象从一个图层移动到另一个图层，其操作方法如下：

① 用箭头工具 选择想要移动的对象。此时，在"图层"面板中图层名称的右边显示一个小的彩色点，表明当前的选择。

② 将彩色点拖动到目标图层上，如图5.40所示，操作对象即改变了所在图层，如图5.41所示。

图5.40　向下拖动彩色点

图5.41　改变图层效果

> 提示：如果在将彩色点拖动到另一图层时按下Ctrl键，可以复制选择对象；也可利用此方法移动或复制两个或多个图层中的对象。

3．复制对象

如果用户要将某一图层上的对象复制至另一个图层上，可以将此对象选中，执行"复制"命令，而后切换到目标图层上执行"粘贴"操作。

> 技巧：按住Ctrl键，将图层上对象被选中的情况下显示的彩色点移至目标层，也可以复制该对象。

4．粘贴

使用"粘贴"命令可以将对象移动到不同的图层。

① 确保"图层"面板菜单上的"粘贴时记住图层位置"复选菜单项没被选定。

② 选择要移动的对象，并选择"编辑"→"剪切"命令或"编辑"→"复制"命令。

③ 选择目标图层上的任何对象，或在"图层"面板上选择该图层名。

④ 选择"编辑"→"粘贴"命令把对象作为目标图层上的最前面的对象粘贴到出版物

的中心。

一旦对象被粘贴后，用户便可以移动它并且使用"成分"→"排列"菜单上的命令来改变新图层上的对象堆叠顺序。

如果用户要使用"粘贴"命令把对象从一页移动到另一页，此时的粘贴工作与之前的有所不同，这与在"图层"面板菜单上的"粘贴时记住图层位置"复选菜单项是否被选定有关。

- 如果"粘贴时记住图层位置"复选菜单项被选定，那么当从不同的图层剪切或复制的对象粘贴到一个新的页面或位置时，将保持它们的图层分配。
- 如果"粘贴时记住图层位置"复选菜单项没有被选定，那么从不同的图层剪切或复制的对象将被一起粘贴到选定的图层。

使用"粘贴"命令还可以将对象粘贴到一个不同的页面或位置，并保持图层信息。

① 从"图层"面板菜单中选择"粘贴时记住图层位置"复选菜单项。

② 选中想要移动的对象，并选择"编辑"→"剪切"或"编辑"→"复制"命令。

③ 必要的话，打开新页面。

④ 选择"编辑"→"粘贴"命令将对象粘贴到它们原来的同一图层。

注意：如果"粘贴时记住图层位置"被选定，从一页复制不同图层上的对象，当把它们粘贴到第二页时将保留图层。如果"粘贴时记住图层位置"没被选定，复制的对象将显示在第二页的目标图层上。

5.9.8　锁定图层

为了避免编辑与当前操作有关的对象时移动或删除版面上的其他对象，可以将这些对象所在图层锁定起来，这样此图层上的所有对象将不可被操作。

执行锁定操作，只需单击此图层眼睛图标右侧的小空格，以显示出图标，即可以将此图层锁定。

如果想锁定某个图层之外的所有图层，可以将此图层选为当前操作层，然后单击"图层"面板右侧的侧黑三角按钮，在弹出的面板菜单上选择"锁定其它"命令，此时其他图层将显示图标，如图5.42所示。

图5.42　其他图层被锁定

技巧：按住Alt键单击此图层左侧的眼睛图标右侧面小空格，也可以锁定当前图层外的其他所有图层。

要解锁所有被锁定的图层，单击"图层"面板右侧的侧黑三角按钮，在弹出的面板菜单

中选择"全部解除锁定"命令，或按住Alt键单击被锁定的任何一个图层左侧的图标 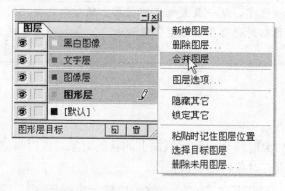 。

5.9.9　合并图层

如果版面已经布置、设置完毕，便可以合并所有图层，以减小文件的大小。这样可以使处于版面的不同图层上的对象放置在选中的第一个图层上。

所有选定图层中的对象被移动到用户在第一步中选定的第一图层（自从单击第一图层使它成为目标图层后）。在用户所选的要合并的图层中，只有目标图层将保留在出版物中，其他选定的图层将被删除。

要执行合并图层操作，可以参考以下操作步骤。

① 在"图层"面板中选择要保留的图层，以将此图层设置为当前层。

② 按住Ctrl键，并在"图层"面板中选择要合并的图层。

③ 在"图层"面板菜单中选择"合并图层"命令，如图5.43所示，即可合并所选择的图层，此时"图层"面板如图5.44所示。

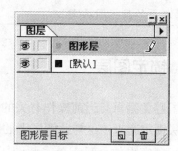

图5.43　选择要合并的图层　　　　　　　　　　　图5.44　合并后的效果

5.9.10　删除图层

对于没有使用的图层或对最终出版物没用的图层用户可以将其删除。删除图层按以下步骤操作。

① 在"图层"面板中单击选择要删除的图层。

② 单击"图层"面板右侧的侧黑三角按钮，在弹出的面板菜单中选择"删除'图层名称'"命令，或者单击面板底部的"删除图层"按钮 🗑 ，在弹出的"删除图层"对话框中设置参数，如图5.45所示。

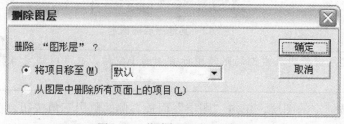

图5.45　"删除图层"对话框

- "将项目移至＿＿＿"：选择此单选按钮并在其后的下拉列表框中选择想要将对象移动到的图层的名称，即可在删除当前图层后将该图层中的所有对象移至此处所选择的图层上。
- "从图层中删除所有页面上的项目"：选择此单选按钮来删除整个出版物中指定为那一图层中的所有对象。

③ 设置好选项后单击"确定"按钮退出"删除图层"对话框，当前图层被删除。

技巧：若要删除选定的图层（及它的所有对象）时不想让"删除图层"对话框出现，用户可以在执行删除操作时按住Alt键。

5.9.11　删除未用图层

对于在操作时创建的未用的图层，PageMaker提供了寻找并删除的功能。

要删除未使用图层，可以从"图层"面板菜单中选择"删除未用图层"命令，在弹出的对话框中，会提示用户去删除第一个未用图层，如图5.46所示。用户根据需要选择一个按钮，选择"是"或"全都皆是"，删除图层后弹出如图5.47所示的提示框。

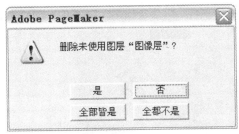

图5.46　删除未用图层对话框　　　图5.47　完成删除对话框

提示：若不想显示对话框，可以在选择"删除未用图层"命令时按住Alt键。

5.10　制作书名文字及其装饰

本节中，将结合文字工具及图形工具，在正封中输入书名文字，并绘制适当的装饰图形，其操作步骤如下：

① 打开随书所附光盘中的文件"第5章\《食疗》图书封面设计9.p65"。

② 选择横排文字工具 ，并设置适当的字体和字号，字体颜色为"黑色"，在正封上方输入书名"食疗"文字，得到如图5.48所示的效果。

③ 按Ctrl+J组合键显示"颜色"面板，单击面板下方的"新建颜色"按钮 ，设置弹出的对话框，如图5.49所示。

④ 设置填充颜色为"绿色5"，边框颜色为"绿色6"，选择"成分"→"线型"→"4pt"命令。

图5.48 输入文字

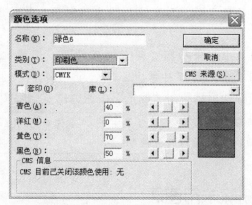

图5.49 "颜色选项"对话框

⑤ 按住Shift键，使用椭圆工具 ◯ 在"疗"字的上方绘制正圆，并按Ctrlt+[组合键应用"置后"命令，得到如图5.50所示的效果。

⑥ 选择矩形工具 ▢ 和多边形工具 ⬠，并设置适当的填充颜色，在正封的最上方、"食"字的上下方和正封的底部绘制矩形和多边形，得到如图5.51所示的效果。

图5.50 绘制正圆

图5.51 绘制不同大小的形状

> 提示：在绘制"食"字上下方的矩形和多边形时，先绘制上方的内容，然后使用旋转工具 ◌ ，按住Shift键顺时针方向旋转180°，得到下方的矩形和多边形，按Ctrl+G组合键应用"组成群组"命令，以将其群组。

⑦ 选择直排文字工具 T 和横排文字工具 ⊟ ，设置适当的字体、字号和字体颜色，在正封第6步绘制的矩形中和"食"字的右侧输入文字，得到如图5.52所示的效果。

⑧ 设置填充颜色为"绿色1"，边框颜色为"绿色6"，选择"成分"→"线型"→"1pt"命令，双击矩形工具 ▢ ，设置弹出的对话框，如图5.53所示。在"张智右 著"文字的上方绘制圆角矩形，并按Ctrlt+[组合键应用"置后"命令，得到如图5.54所示的效果。

图5.52　输入文字

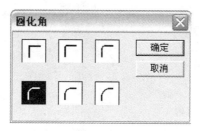

图5.53　"圆化角"对话框

图5.54　绘制带有圆角的矩形

5.11　在封底添加图形及文字

在前面的操作中，我们已经制作完成了正封的内容，从本节开始，将开始制作封底内容。首先在其中绘制图形并输入说明文字，其操作步骤如下：

① 打开随书所附光盘中的文件"第5章\《食疗》图书封面设计10.p65"。

② 双击矩形工具 口，设置弹出的对话框，如图5.55所示。设置"颜色"面板中的填充颜色为"绿色6"，边框颜色为"无"，在页面左侧（即封底）的上方绘制矩形，得到如图5.56所示的效果。

图5.55　"圆化角"对话框

图5.56　绘制矩形

③ 双击约束直线工具 ├，在弹出的对话框中设置"线宽"为6pt，边框颜色为"绿色3"，在上一步绘制的矩形左侧绘制一垂直直线。接着设置"线宽"为1pt，边框颜色为"绿色3"，再绘制一垂直直线，得到如图5.57所示的效果。

④ 选择横排文字工具 ⊣ 和直排文字工具 T，并分别设置适当的字体、字号和字体颜色，在第②步绘制的矩形中的不同位置输入文字，得到如图5.58所示的效果。

图5.57 绘制垂直线　　　　　　　　　　　图5.58 输入文字

5.12　绘制并对齐对象

对齐、分布对象是对多个操作对象进行统一化控制的理想功能，它可以将所选对象按所需要的方式进行排列或分布。选择"成分"→"对齐对象"命令，弹出如图5.59所示的"对齐对象"对话框。

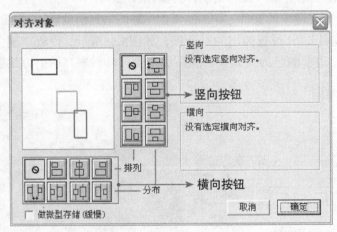

图5.59 "对齐对象"对话框

若需要竖向对齐或分布对象，应选择对话框中的竖向按钮，在对话框右上部的提示框中会显示出按下的按钮的提示信息。

若需要横向对齐或分布对象，应选择对话框中的横向按钮，在对话框右下部的提示框中会显示出被按下的按钮的提示信息。

在本节中，将以当前制作的封面为例，介绍对齐及分布对象的操作方法。

① 打开随书所附光盘中的文件"第5章\《食疗》图书封面设计11.p65"。

② 选择"成分"→"圆化角"命令，设置弹出的对话框，如图5.60所示。选择矩形工具□，设置填充颜色为"绿色4"，边框颜色为"绿色2"，在封底中间位置绘制矩形，如图5.61所示。

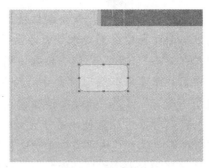

图5.60　"圆化角"对话框　　　　　图5.61　绘制矩形

③ 选中上一步绘制的矩形，按Ctrl+C组合键应用"复制"操作，按Ctrl+Alt+V组合键应用"原位粘贴"操作。重复执行3次，并使用箭头工具 将其移到合适位置。选择"成分"→"对齐对象"命令，设置弹出的对话框，如图5.62所示，得到如图5.63所示的效果。

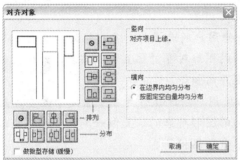

图5.62　"对齐对象"对话框　　　　　图5.63　应用对齐对象后的效果

控制操作对象在垂直及水平方向上对齐的各命令按钮如下所述：

■ "水平居左对齐" ：此命令按钮使用户所选对象的左端处于同一垂直线上，此垂直线由用户所选对象中位置处于最左方对象的左缘确定。

■ "水平居中对齐" ：此命令按钮使用户所选对象的垂直中线处于同一垂直线上，此垂直线由用户所选所有图形对象共同的垂直中线所确定。图5.64左图为操作前的状态，可以看出图像左侧的褐色方块排列并不整齐。右图为单击"水平居中对齐"按钮后的效果，可以看出所有的褐色小方块均居中对齐。

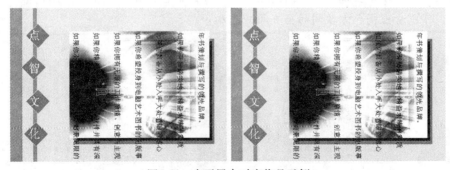

图5.64　水平居中对齐作品示例

■ "水平居右对齐" ：此命令按钮使用户所选对象的右端处于同一垂直线上，此垂直线由用户所选对象中位置处于最右方对象的右缘确定。

- "垂直居上对齐" 🔲：此命令按钮使用户所选对象的顶端处于同一水平线上，此水平线由用户所选对象中位置处于最上方的对象的顶端确定。

- "垂直居中对齐" 🔲：此命令按钮使用户所选对象的水平中线处于同一水平线上，此水平线由用户所选所有图形对象共同的水平中线确定。

- "垂直居下对齐" 🔲：此命令按钮使用户所选对象的底端处于同一水平线上，此水平线由用户所选对象中位置处于最下方的对象的底端确定。

控制操作对象在垂直及水平方向上分布的各命令按钮如下所述：

- "垂直依据顶部均分" 🔳：此命令按钮使用户所选操作对象中除处于最上方与最下方图形对象的位置不变外，将其他处于中间的图形对象的位置做一调整，最终使每一个图形对象顶点所标志的水平线之间的垂直距离相等。

- "垂直依据中间均分" 🔳：此命令按钮使用户所选操作对象中除处于最上方与最下方的图形对象位置不变外，将其他处于中间的图形对象的位置做一调整，最终使每一个图形对象中点所标志的水平线之间的垂直距离相等。

- "垂直依据底部均分" 🔳：此命令按钮使用户所选操作对象中除处于最上方与最下方的图形对象位置不变外，将其他处于中间的图形对象的位置做一调整，最终使每一个图形对象最底点所标志的水平线之间的垂直距离相等。

- "水平依据左边均分" 🔳：此命令按钮使用户所选操作对象中除处于最左方与最右方的图形对象位置不变外，将其他处于中间的图形对象的位置做一调整，最终使每一个图形对象最左缘点所标志的垂直线之间的水平距离相等。

- "水平依据中间均分" 🔳：此命令按钮使用户所选操作对象中除处于最左方与最右方的图形对象位置不变外，将其他处于中间的图形对象的位置做一调整，最终使每一个图形对象中点所标志的垂直线之间的水平距离相等。

- "水平依据右边均分" 🔳：此命令按钮使用户所选操作对象中除处于最左方与最右方的图形对象位置不变外，将其他处于中间的图形对象的位置做一调整，最终使每一个图形对象最右缘点所标志的垂直线之间的水平距离相等。

- "垂直空间均分" 🔳：此命令按钮可以使用户选定的多个对象之间的垂直间距相等，此处的垂直间距是指上一对象的底部至下一对象的顶部之间的距离。图5.65左图为调整前的状态，可以看出褐色方块间间距并不相等。右图为单击"垂直空间均分"按钮后的效果，可以看出褐色方块间的垂直间距已相等。

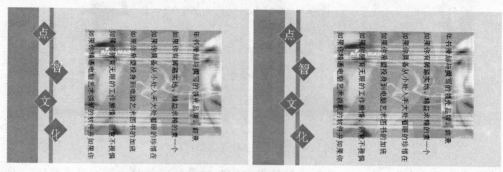

图5.65　垂直空间均分操作示例

- "水平空间均分" 🔳：此命令按钮可以使用户选定的多个对象之间的水平间距相等，

此处的水平间距是指上一对象的右端至下一对象的左端之间的距离。

■ "取消分布或对齐" ⊘：单击此按钮，可以取消在水平或垂直方面上的分布或对齐。

■ "在边界内均匀分布"：选择此单选按钮可以在当前选择图形的边界范围内分散对象。例如，在水平方向上，除最左及最右边的对象位置保持不变外，其他对象都将重新调整位置，最终平均地分布在保持位置不变的最左和最右边的选定对象之间。

■ "按固定空白量均匀分布"：如果希望在每个分布的对象之间插入固定的空间，可以选择此选项，并在其下方输入一个期望的空白量，在此输入正值使对象相互分散，输入负数则使对象相互重叠。

■ "做微型存储"：通常情况下使用对齐命令所做的操作不可恢复，如果需要复原用这个命令所做的改变，则可以选择此复选框。这样，需要时便可以按Shift键选择"文件"→"回复"命令恢复所执行的对齐操作。

④ 将上一步绘制的4个矩形选中，按Ctrl+C组合键应用"复制"操作，按Ctrl+Alt+V组合键应用"原位粘贴"操作。按住Shift键，使用箭头工具 ↖ 向下拖动矩形至如图5.66所示的位置，按Ctrl+Alt+V组合键再执行一次，得到如图5.67所示的效果。

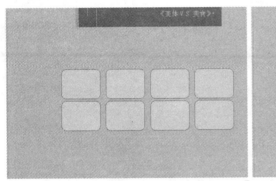

图5.66　复制矩形对象后的效果　　　　图5.67　再次复制后的效果

⑤ 按水平方向分别将第1、3、6、8、9、11个矩形选中，将填充颜色改为"无"，得到如图5.68所示的效果。

图5.68　改变填充颜色

5.13 在图形中加入图像

遮色是PageMaker提供的一种屏蔽对象某一部分的方法，可以利用图形遮色另一个图形或图像、文本框等对象。本节中，将利用遮色功能对图像进行编辑处理。

5.13.1 创建遮色对象

为对象制作遮色的制作方法比较简单，以下将介绍其操作方法。

① 打开随书所附光盘中的文件"第5章\《食疗》图书封面设计12.p65"。

② 按Ctrl+D组合键应用"置入"命令，在弹出的对话框中打开随书所附光盘中的文件"第5章\素材3.TIF"图像，如图5.69所示。

③ 按住Shift键，使用箭头工具 向内拖动素材图像控制句柄，并移到第1排第1个矩形底部。按住Shift键选中矩形和素材图像，选择"成分"→"遮色"命令（或按Ctrl+6键），得到如图5.70所示的效果。

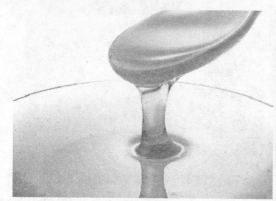
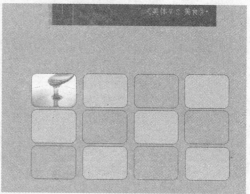

图5.69 素材图像　　　　　　　　　图5.70 应用"遮色"命令后的效果

> 提示：如果希望在遮色时对操作对象进行群组，可以在此操作对象被选定的情况下，按住Shift键选择"成分"→"遮色与组成群组"命令（此时"遮色"命令变为"遮色与组成群组"），用此命令可以同时完成遮色与群组两项操作。如果已执行过遮色操作，可以按住Ctrl键单独选中用于遮色的图形或其他对象。

④ 按照第②~③步的操作方法，置入随书所附光盘中的文件"第5章\素材4.jpg～素材8.TIF"，如图5.71~图5.75所示，并分别执行"遮色"命令，按Ctrl+G组合键执行"组成群组"命令，得到如图5.76所示的效果。

图5.71 素材图像　　　　　　　图5.72 素材图像

  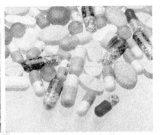

图5.73　素材图像　　　图5.74　素材图像　　　　　图5.75　素材图像

⑤ 继续按照第②~③步的操作方法，置入随书所附光盘中的文件"第5章\素材9.tif"图像，如图5.77所示，将其置于如图5.78所示的位置。

图5.76　应用"遮色"命令后的效果　　　图5.77　素材图像　　　图5.78　置于合适的位置

⑥ 分别选择横排文字工具 和直排文字工具 T，并设置适当的字体、字号和字体颜色，分别在书脊和封底上下方输入书名、出版社名称及定价等文字，得到如图5.79所示的效果。最终效果如图5.80所示。

图5.79　输入文字　　　　　　　　　　　图5.80　最终效果

5.13.2　去除遮色

选择"成分"→"摘掉遮色"命令可以去除遮色效果，使发生遮色效果的对象相互分离，相互之间不再有遮色与被遮色关系。

技巧：在遮色图形被选中的情况下，按住Shift键则此命令变为"摘掉遮色与解散群组"命令，可以使用户一步完成"摘掉遮色"与"解散群组"命令。

5.13.3 文本遮色操作

对文本块同样可以进行遮色处理。用箭头工具 选中文本框和遮色图形，选择"成分"→"遮色"命令即可。如果灵活地多次使用"遮色"命令，可以制作出很多特殊的文字效果。

提示：本例最终效果为随书所附光盘中的文件"第5章\《食疗》图书封面设计13.p65"。

5.14 练 习 题

1．在一个封面中，哪一部分的宽度可以代表书的厚度？（ ）

A．书脊　　　　　　B．正封　　　　　　　C．封底　　　　　　　D．扉页

2．在PageMaker中，要拖动并复制对象，可以按住哪个快捷键？（ ）

A．Ctrl键　　　　　　B．Alt键　　　　　　C．Ctrl+Alt键　　　　　D．Ctrl+Shift键

3．要按照等比例缩小或放大图像，可以按住哪个快捷键？（ ）

A．Ctrl键　　　　　　B．Shift键　　　　　C．Alt键　　　　　　D．空格键

4．在PageMaker中，在选择了一个图文框的情况下，如果置入一幅图像，则（ ）。

A．图像将被置入到该图文框中

B．图像将被置入到该图文框的上方

C．此时无法置入图像

D．图像将被置入到该图文框的下方

5．若要在PageMaker中旋转文字，可以（ ）。

A．使用横排文字工具将文字刷黑选中，然后使用旋转工具进行旋转即可

B．使用箭头工具选中文字，再使用旋转工具进行旋转即可

C．在"控制"面板的右侧输入相应的数值即可进行旋转

D．直接使用箭头工具即可进行旋转

6．要将选择对象原位移动到另一图层，如何操作？（ ）

A．用指针工具拖动页面中的选择对象至"图层"面板上的另一图层上

B．在"图层"面板上将选择对象所在图层拖至另一图层上

C．在"图层"面板上单击并拖动当前操作层右侧的小点至另一图层上

D．将当前选择对象剪切，选择另一图层并按Ctrl+V键

7．如果将主页对象放在"图层"面板最上面的图层上，在操作页面上的状态如何？（ ）

A．主页对象处于页面中所有对象之上

B．主页对象处于页面中所有对象之下

C．主页对象不显示在页面上

D．主页对象被删除

5.15　上 机 练 习

1．结合随书所附光盘中的文件夹"第5章\上机练习"，以及本章中讲解的封面制作方法，尝试制作得到如图5.81所示的一幅封面作品。

图5.81　章封面效果

2．在本章设计的封面中，主要是以版面编排为主，请尝试在不失整体自然、健康风格的情况下，将其改为以大幅图像显示为主的表现形式。

第6章 在InDesign中
设计宣传册封面

要 求

■ 掌握使用InDesign设计宣传册封面的常用技术。

知识点

■ 掌握文件的基本操作。

■ 掌握绘制几何图形的操作方法。

■ 掌握定义并应用颜色的操作方法。

■ 熟悉复合形状的制作方法。

■ 掌握向页面中置入图像的操作方法。

■ 熟悉设置对象透明度属性的操作方法。

■ 了解为对象增加羽化效果的操作方法。

■ 掌握修改对象层次的操作方法。

■ 熟悉裁切图像的操作方法。

■ 熟悉为对象添加阴影的操作方法。

■ 掌握输入文字的操作方法。

■ 掌握设置文字属性的操作方法。

■ 熟悉对齐对象的操作方法。

■ 熟悉连续变换并复制对象的操作方法。

■ 掌握为图形填充渐变色的操作方法。

重点和难点

■ 文件的基本操作。

■ 绘制几何图形。

■ 定义并应用颜色。

■ 制作复合形状。

■ 向页面中置入图像。

■ 设置对象透明度属性。

■ 设置文字属性。

■ 为图形填充渐变色。

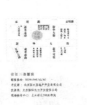

6.1　文件的基本操作

文件操作是一类经常性操作，因此掌握正确的文件操作方法，对于保证出版文件的正确性及提高工作效率有非常重要的意义，以下介绍InDesign CS2中的常用文件操作方法。

6.1.1　统一计量单位

为便于介绍和操作，首先需统一文件尺寸的计量单位，例如毫米、厘米等，其操作步骤如下：

① 按Ctrl+K组合键或选择"编辑"→"首选项"→"常规"命令。

② 在弹出的"首选项"对话框左侧选择"单位和增量"选项。

③ 在对话框右侧的"标尺单位"选项组中修改单位为"毫米"，如图6.1所示。

④ 如图6.2所示为将单位设置完毕后的对话框，单击"确定"按钮退出对话框即可。

图6.1　选择单位

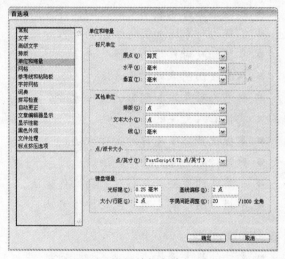

图6.2　设置单位完毕

6.1.2　创建文档文件

作为每一项新工作的起点，此命令的重要性不言而喻。利用此命令可以新建一个InDesign文件或者以某个文件为模板创建新的InDesign文件，在创建新文件的同时用户可以在此命令的弹出对话框中，设置文件的页面尺寸、文档参数、页码、打印方式等基本参数。

在本章设计的宣传册封面中，主要包括了4个页面，即正封、封底、封二及封三，如图6.3和图6.4所示。

以下将以当前需要新建的宣传册文件为例，介绍新建文件的操作方法。

① 选择"文件"→"新建"→"文档"命令，弹出"新建文档"对话框。

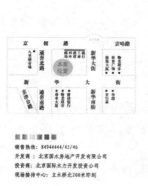

图6.3　正封及封底

图6.4　封二及封三

② 按照图6.5所示设置"新建文档"对话框。

③ 单击对话框右侧的"更多选项"按钮，则在对话框底部显示出"出血和辅助信息区"选项组，如图6.6所示，在该区域中为文档设置出血数值为"3毫米"。

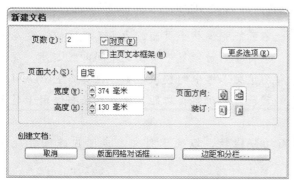

图6.5　"新建文档"对话框

图6.6　扩展后的"新建文档"对话框

提示：在"新建文档"对话框中，所设置的宽度数值＝正封宽度（185 mm）＋书脊宽度（4 mm）＋封底宽度（185 mm）。另外，通常情况下，宣传册是不会设置书脊这一数值的，但如果宣传册页码过多或所用纸张为157 g以上的厚纸，则需要将它们装订后产生的纸张厚度计算在其中，例如本次创建的新文件，4 mm的书脊宽度就是为此而设。

此对话框中的重要参数如下所述：

- "对页"：在此复选框被选中的情况下，将创建一个具有双面对页型页面的出版物，否则用户只能创建单页出版物。
- "主页文本框架"：该复选框被选中的情况下，InDesign将自动以当前页边距的大小创建一个文本框。
- "页面方向"：默认情况下，当用户新建文件时，页面方向为直式的，但用户可以通过选取页面摆放的选项来制作横式页面。选择 ▯ 选项，将创建直式页面；而选择 ▭ 选项，可创建横式页面。
- "出血和辅助信息区"：在"出血"后面的4个文本框中输入数值，可以设置出版物的出血数值；在"辅助信息区"后面的4个文本框中输入数值，可以圈定一个区域，用来标志出该出版物的信息，例如设计师及作品的相关资料等，该区域至页边距线区域中的内容不会出现在正式印刷得到的出版物中。

单击"边距和分栏"按钮，弹出如图6.7所示的对话框，在此可以更深入地设置新文档的属性。

图6.7 "新建边距和分栏"对话框

- "边距"：任何出版物的文字都不是也不可能充满整个页面，为了美观通常需要在页的上、下、左、右四边留下适当的空白，而文字则被放置于页面的中间即版心处。页面四周上、下、左、右留下的空白大小，即由该文本框中的数值控制。在页面上InDesign用水平方向上的粉红色线和垂直方向上的蓝色线来确定页边距，这些线条将仅用于显示并不会被实际打印出来。
- "分栏"：此参数可以控制当前页面的分栏数，以便于对文本或图片进行有规律的编排。
- "栏间距"：在此输入数值可以控制分栏的宽度。

提示：在所创建的2页文档中，第1页用来制作宣传册的封底和正封，第2页用来制作宣传册的封二和封三。

图6.8所示为由以上所设置的"新建文档"对话框得到的新文档，需要注意的是，在页边距线以外的对象都不会被打印出来。

出血线　　页边距线

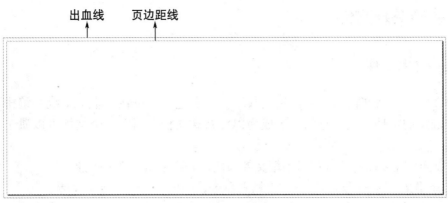

图6.8　新文档

6.1.3　保存文件

为了防止各种意外情况，用户应当养成经常保存文件的习惯，当文件仍是一个新文件并且还没有保存过时，可使用"存储"命令保存该文件，InDesign将提示用户输入一个文件名，否则就以默认的名字保存。如果当前操作的出版物自最近一次保存以来还没有被改变过，该命令呈现灰色不可用状态。

以上一小节新建的文档为例，选择"文件"→"存储"命令，即弹出如图6.9所示的"存储为"对话框。

图6.9　"存储为"对话框

提示：如果打开了若干个出版物，并且需要一次性对这些出版物做保存操作，可以同时按下
　　　Ctrl+Alt+Shift+S组合键。

另外，选择"文件"→"存储为"命令可以用另一个名字、路径或格式保存出版物文件。与"存储"命令不同，使用"存储为"命令保存出版物时，InDesign将压缩出版物，使它占据最小的磁盘空间，因此如果希望使出版物文件的大小更小一些，可以使用此命令对出版物执行另存操作。

6.1.4　编辑书籍文件

1．创建书籍文件

书籍文件是一组文档的集合，它们共享排式和色样，可在一本书中统一编排页码，打印书籍中选定的文档，或将它们导出成为PDF格式文档，而且一个文档可以属于多个书籍文件。

以下以当前需要新建的宣传册书籍文件为例，介绍书籍文件的创建方法。

① 选择"文件"→"新建"→"书籍"命令，弹出"新建书籍"对话框。

② 在"新建书籍"对话框中选择文件保存的路径，并输入文件的保存名称，如图6.10所示。

③ 单击"保存"按钮退出对话框即可。

将书籍文件保存好后，该文件即被打开并显示"书籍"调板，该调板是以所保存的书籍文件名称命名的，如图6.11所示。

图6.10　"新建书籍"对话框　　　图6.11　"书籍"调板"《维盛家园》宣传册"

"书籍"调板中各个按钮的解释如下：

■ "使用"样式源"同步样式和色板按钮" ▣ ：单击该按钮可以使目标文档与样式源文档中的样式及色板保持一致。

■ "存储书籍"按钮 ▣ ：单击该按钮可以保存对当前书籍所做的修改。

■ "打印书籍"按钮 ▣ ：单击该按钮可以打印当前书籍。

■ "添加文档"按钮 ✚ ：单击该按钮可以在弹出的对话框中选择一个InDesign文档，单击"打开"按钮即可将该文档添加至当前书籍中。

■ "移去文档"按钮 ━ ：单击该按钮可将当前选中的文档从当前书籍中删除。

2．添加文档至书籍中

以下将以当前制作的宣传册文档为例，介绍向书籍中添加文档的操作方法。

① 单击"书籍"调板"《维盛家园》宣传册"底部的"添加文档"按钮 ✚ 。

② 在弹出的"添加文档"对话框中选择本章第3.1.3节保存的文档"《维盛家园》宣传册[封面].indd"，如图6.12所示。

③ 单击"打开"按钮即可将该文档添加至书籍"《维盛家园》宣传册"中，此时的"书籍"调板"《维盛家园》宣传册"如图6.13所示。

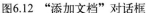

图6.12　"添加文档"对话框　　　　图6.13　"书籍"调板"《维盛家园》宣传册"

提示：要关闭书籍文档，可以单击"书籍"调板右上角的小黑三角按钮，在弹出的调板菜单中选择"关闭书籍"命令即可。每次对书籍文档中的文档进行编辑时，最好先将此书籍文档打开，然后再对其中的文档进行编辑，否则书籍文档将无法及时更新所做的修改。

6.2　绘制图形及定义颜色

任何图形都要辅以合适的颜色才能将它的精美完全地展现出来，任何一幅好的作品，在颜色处理方面往往都具有相当强的技巧性。本节将同时介绍绘制图形及定义颜色的操作方法。

下面以当前制作的宣传册为例，介绍矩形工具 、直线工具 的使用方法及定义颜色步骤。

① 打开随书所附光盘中的文件"第6章\《维盛家园》宣传册[封面]1.indd"。

② 按Ctrl+R组合键或选择"视图"→"显示标尺"命令，显示页面标尺。

③ 将光标放在水平或垂直标尺上。按住鼠标左键不放向页面内部拖动，即可分别从水平或垂直标尺上拖出水平或垂直参考线，如图6.14和图6.15所示。

提示：在实际工作过程中，这些参考线应该是在工作过程中根据需要添加的，在此编者为便于介绍，将所有的参考线都显示出来了。

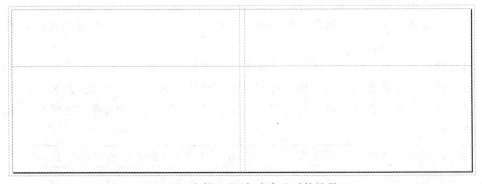

图6.14　在第1页添加参考线后的效果

图6.15　在第2页添加参考线后的效果

　④ 按F6键或选择"窗口"→"颜色"命令以显示"颜色"调板，默认情况下，其调板状态如图6.16所示。

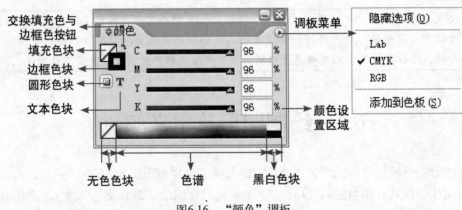

图6.16　"颜色"调板

　"颜色"调板中的参数解释如下：

- ■ "调板菜单"按钮：单击该按钮即可弹出右侧所示的调板菜单，在该区域中选择Lab、CMYK、RGB选项，颜色设置区域中的滑块就会随之变化。
- ■ 填充色块/描边色块：单击填充色块/描边色块即可将其激活，然后拖动颜色设置区域中的滑块或在其后的数值框中输入数值，即可设置其颜色。
- ■ 格式针对容器：单击该色块即可将其选中，此时所设置的颜色会对后面使用图形工具绘制的图形产生作用。
- ■ 格式针对文本：单击该色块即可将其选中，此时所设置的颜色会对后面使用文字工具输入的文字产生作用。
- ■ 无色色块：单击该色块即可将当前的填充色或边框色设置为无。
- ■ 黑白色块：单击黑色或白色色块，即可将当前的填充色或边框色设置为黑色或白色。
- ■ 色谱：当光标置于色谱上时会自动变为吸管状态，单击鼠标即可将颜色吸取至填充色块或边框色块上。

　提示：按住Shift键单击色谱，可以在Lab、CMYK和RGB三种颜色模式之间进行切换。

- ■ 互换填色与描边按钮：单击该按钮可交换填充色与边框色的位置。

■ 显示／隐藏选项：在调板菜单中选择该命令后可以显示/隐藏调板选项。

■ 添加到色板：选择该命令后，可以将当前定义的颜色添加至调板中。

⑤ 在"颜色"调板中设置填充色的颜色值为C：2，M：2，Y：27，K：0，使用矩形工具 ▢ 以文档的出血线为准从左上角至右下角绘制矩形，得到如图6.17所示的效果。

图6.17　绘制矩形

⑥ 在"颜色"调板中设置填充色的颜色值为C：15，M：100，Y：100，K：0，在正封的左侧绘制如图6.18所示的红色矩形。

图6.18　在正封上绘制红色矩形

⑦ 选择直线工具 ＼ 并设置其工具选项条，如图6.19所示。

图6.19　直线工具选项条

⑧ 在"颜色"调板上单击"交换填充色与边框色"按钮 ⤵，从而设置边框色的颜色值为C：15，M：100，Y：100，K：0，使用直线工具 ＼ 在封底的最右侧绘制如图6.20所示的垂直直线。

⑨ 按照上述方法，分别设置线条宽度为4pt和2pt，依次在封底上向左侧绘制2条垂直直线，得到如图6.21所示的效果。

图6.20　绘制直线

图6.21　绘制线条

6.3　制作复合形状

相对于众多专业的绘图软件来说，InDesign的绘图功能还不是非常强大，它很难甚至无法直接制作一些复杂的图形，此时我们可以通过复合的方式，制作得到复杂的图形。

以下就以当前制作的宣传册为例，介绍复合形状的制作方法。

① 打开随书所附光盘中的文件"第6章\《维盛家园》宣传册[封面]2.indd"。

② 选择矩形工具█并在"颜色"调板中设置填充色的颜色值为C：15，M：100，Y：100，K：0，在正封的右侧中间处绘制如图6.22所示的横向矩形。

③ 设置填充色为"白色"，使用矩形工具█在上一步绘制的红色矩形上绘制3个粗细不同的白色矩形，如图6.23所示。

④ 使用选择工具▶将本节绘制的红色矩形

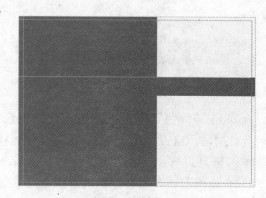

图6.22　绘制红色矩形

和白色矩形选中，选择"窗口"→"对象和版面"→"路径查找器"命令，以显示"路径查找器"调板，如图6.24所示。

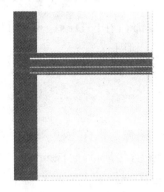

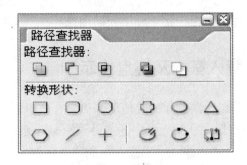

图6.23　绘制白色矩形　　　　　　　　图6.24　　"路径查找器"调板

"路径查找器"调板中各按钮的解释如下：

- "相加"按钮 ：单击该按钮可将2个或多个形状复合成为一个形状。
- "减去"按钮 ：单击该按钮则用前面的图形挖空后面的图形。
- "交叉"按钮 ：单击该按钮则按所有图形重叠的区域创建形状。
- "排除重叠"按钮 ：与交叉按钮 相反，单击该按钮后则所有图形相交的部分被挖空，保留未重叠的图形。
- "减去后方对象"按钮 ：单击该按钮后则后面的图形挖空前面的图形。
- 单击"路径查找器"调板中"转换形状"区域内的各个按钮，可以将当前图形转换为对应的图形，例如在当前绘制了一个矩形的情况下，单击"转换为椭圆形"按钮后 ，该矩形就会变为椭圆形。

⑤ 单击"路径查找器"调板中的"减去"按钮 ，得到如图6.25所示的镂空效果。

⑥ 使用矩形工具 在刚刚做完复合形状的图形上绘制如图6.26所示的矩形，按照上述方法对它们进行复合，得到如图6.27所示的效果。

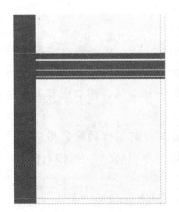
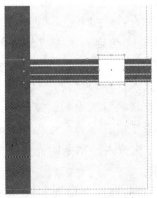
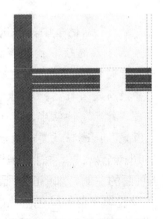

　图6.25　复合线条形状　　　　　图6.26　绘制矩形　　　　　图6.27　复合方形形状

6.4 置入图像

一个成功的出版物设计作品必然离不开图片的装饰，在InDesign中可以通过"文件"→"置入"命令将多种格式的图像导入到文档中加以利用。

6.4.1 置入室内及楼盘展示图像

以下将以当前制作的宣传册为例，介绍置入TIF格式图像的操作方法。

① 打开随书所附光盘中的文件"第6章\《维盛家园》宣传册[封面]3.indd"。

② 选择"文件"→"置入"命令，在弹出的对话框中选择随书所附光盘中的文件"第6章\素材1.tif"，单击"打开"按钮退出对话框。

③ 此时当标将变为⌇状态，在页面中的空白区域单击鼠标左键即可。

提示：如果鼠标单击处有图形，或在置入图像前选中了一个图形，则图像会自动被"装"入该图形中。

---

④ 使用选择工具 ▶ 并按住Ctrl+Shift组合键将图像缩小，将其置于正封的最左侧，如图6.28所示。

图6.28 缩放并摆放图像位置

在"置入"对话框中，各选项的解释如下：

- "显示导入选项"：选择该复选框后，单击"打开"按钮后，就会弹出"图像导入选项"对话框。
- "替换所选项目"：应用"置入"命令之前，如果选择一幅图像，那么选择此复选框并单击"打开"按钮后，就会替换之前选中的图像。
- "预览"：选择该复选框后，可以在上面的方框中观看到当前图像的缩览图。

⑤ 切换至第2页，按照上述方法置入随书所附光盘中的文件"第6章\素材2.tif"，并将其置于页面的左侧，如图6.29所示。

⑥ 设置填充色的颜色值为C：96，M：70，Y：5，K：0，边框色为"无"，在第2页的左、右部分各绘制如图6.30所示的矩形。

⑦ 按照本节介绍的置入图像的方法，再置入随书所附光盘中的文件"第6章\素材3.tif"和"素材4.tif"，将其缩放为适当的大小后，置于第2页左侧的矩形上，如图6.31所示。

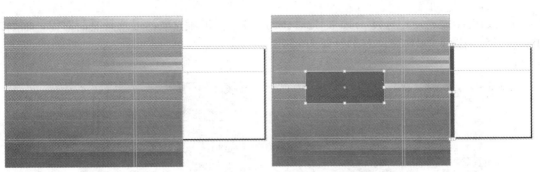

图6.29 摆放图像位置   图6.30 绘制矩形

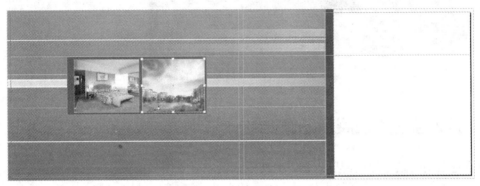

图6.31 摆放图像位置

6.4.2 置入标志及位置示意图

以下将以当前制作的宣传册为例，介绍置入AI格式素材的操作方法。

① 保持在文档"《维盛家园》宣传册[封面]3.indd"中。

② 选择"文件"→"置入"命令，在弹出的对话框中选择随书所附光盘中的文件"第6章\素材5.ai"，单击"打开"按钮以退出对话框。

③ 此时当标将变为 状态，在页面中的空白区域单击鼠标左键即可。

④ 使用选择工具 并按住Ctrl+Shift组合键将图像缩小，并将其置于正封的右侧，如图6.32所示。

⑤ 按照上述方法，再置入随书所附光盘中的文件"第6章\素材6.ai"，并将其置于封底上，如图6.33所示。

图6.32 置入标志素材

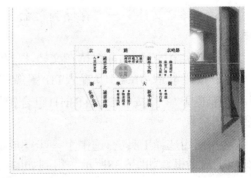

图6.33 置入地图示意图

⑥ 按住Alt键，使用选择工具 ↖ 拖动正封上的标志图像2次，得到其复制对象，缩放大小后将其分别置于第2页左、右部分如图6.34所示的位置。

图6.34 复制并摆放标志位置

6.4.3 置入楼房外观展示图像

以下将以当前制作的宣传册为例，介绍置入镂空背景图像的操作方法。

① 启动Photoshop，打开随书所附光盘中的文件"第6章\素材7.tif"。

② 选择魔棒工具 ↖ 并设置其工具选项条，如图6.35所示。

图6.35 魔棒工具选项条

③ 按Ctrl+A组合键执行"全选"操作，按住Alt键，使用魔棒工具 ↖ 在图像中的空白区域单击，直至将楼房选中为止，如图6.36所示。

④ 选择"选择"→"修改"→"收缩"命令，在弹出的对话框中设置"收缩量"数值为"2"，单击"确定"按钮退出对话框。

> 提示：收缩选区是为了避免图像的边缘出现锯齿及杂边。

⑤ 切换至"通道"调板，单击"将选区存储为通道"命令按钮 ◙ ，得到"Alpha 1"通道，按Ctrl+D组合键取消选区。

⑥ 选择"文件"→"存储为"命令，在弹出的对话框中将当前图像存储为TIF格式图像。

⑦ 切换至InDesign并保持在文档"《维盛家园》宣传册[封面]3.indd"中。

⑧ 按照本章第6.4.1节置入TIF图像的方法将上面保存的TIF图像置入当前文档中，使用选择工具 ↖ 并按住Ctrl+Shift组合键将图像缩小，并将其置于正封的右侧，如图6.37所示。

⑨ 使用选择工具 ↖ 选中上一步摆放的图像，选择"对象"→"剪切路径"命令，设置弹出的对话框，如图6.38所示，得到如图6.39所示的效果。

图6.36　创建选区

图6.37　摆放图像位置

图6.38　"剪切路径"对话框

图6.39　镂空图像效果

"剪切路径"对话框中的参数解释如下：

- "类型"：在该下拉列表框中可以选择创建镂空背景图像的方法。
- "阈值"：此处的数值决定了有多少高亮的颜色被去除，在此输入的数值越大，则被去除的颜色从亮到暗依次越多。
- "容差"：容差参数控制了用户得到的去底图像边框的精确度，数值越小得到的边框的精确底也越高。因此，在此数值框中输入较小的数值有助于得到边缘光滑、精确的边框，并去掉凹凸不平的杂点。
- "内陷框"：此参数控制用户得到的去底图像内缩的程度，在此处输入的数值越大，则得到的图像内缩程度越大。
- "反转"：选中此复选框，得到的去底图像与以正常模式得到的去底图像完全相反，在此复选框被选中的情况下，应被去除的部分保存，而本应存在的部分被删除。
- "包含内边缘"：在此复选框被选中的情况下，InDesign在路径内部的镂空边缘处也将被创建边框并做去底操作。
- "限制在框架中"：选择该复选框，可以使剪贴路径停止在图像的可见边缘上，当使用图框来裁切图像时，可以产生一个更为简化的路径。
- "使用高分辨率图像"：在此复选框未被选中的情况下，InDesign以屏幕显示图像的分辨率计算生成的去底图像效果，在此情况下用户将快速得到去底图像效果，但其结果并不精确。所以，为了得到精确的去底图像及其绕排边框，应选中此复选框。

⑩ 按住Alt键，使用选择工具 拖动本小节置入的楼房外观展示图像，得到其复制对

象，并将其拖至第2页上右半页最左侧的位置，如图6.40所示。

图6.40　摆放图像位置

6.4.4　置入PSD格式图像

　　PSD格式图像是Adobe Photoshop软件所专用的图像格式，由于它与InDesign是同一公司所开发的软件，所以相互之间具有非常好的兼容性。

　　在InDesign中，置入PSD格式图像与置入其他格式图像的方法并没有什么区别，但如果置入的PSD格式图像为透明背景，则该图像置入后仍然会保留其透明属性。

6.5　设置对象的混合模式及透明属性

　　InDesign允许用户设置文字、图形及图像等对象的混合模式及透明属性，使其更好地融合在一起，从而得到更加精美的效果。

　　以下将以当前制作的宣传册为例，介绍在InDesign中设置对象的混合模式及透明属性的操作方法。

　　① 打开随书所附光盘中的文件"第6章\《维盛家园》宣传册[封面]4.indd"。

　　② 使用选择工具 选中第1页上的楼房外观展示图像，选择"窗口"→"透明度"命令，以显示"透明度"调板。

　　③ 在"透明度"调板中设置混合模式为"强光"，如图6.41所示，得到如图6.42所示的效果。

图6.41　"透明度"调板　　　　　图6.42　设置混合模式的效果

④ 保持在"透明度"调板中，设置图像的不透明度数值为"60%"，如图6.43所示，得到如图6.44所示的效果。

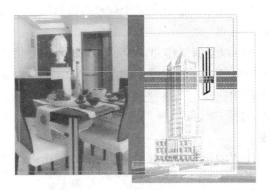

图6.43　"透明度"调板　　　　　图6.44　设置对象不透明度后的效果

"透明度"调板中的参数解释如下：

■ "分离混合"：当多个设置了混合模式的对象群组在一起时，其混合模式效果将作用于所有其下方的对象，选择了该复选框后，混合模式将只作用于群组内的图像。

■ "挖空组"：当多个具有透明属性的对象群组在一起时，群组内的对象之间也存在透明效果，即透过群组中上面的对象可以看到下面的对象。选择该复选框后，群组内对象的透明属性将只作用于该群组以外的对象。

■ "不透明度"：此参数用于控制对象的透明属性，该数值越大则越不透明，该数值越小则越透明。当数值为"100%"时完全不透明，而数值为"0%"时完全透明。

■ 混合模式下拉列表框 正常 ▼ ：该下拉列表框中共包含了16种混合模式，用于创建对象之间不同的混合效果。

⑤ 切换至第2页，使用选择工具 ▶ 选中左半页中的标志图像，然后在"透明度"调板中设置其混合模式为"叠加"，得到如图6.45所示的效果。

⑥ 按照上述方法，将右半页左侧的楼房外观展示图像选中并设置其混合模式为"强光"，得到如图6.46所示的效果。

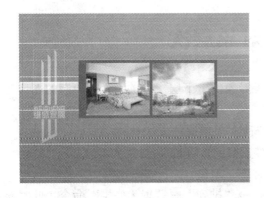

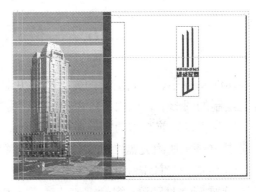

图6.45　设置标志混合模式后的效果　　　　　图6.46　设置楼房图像混合模式后的效果

6.6 制作羽化效果

利用"羽化"命令可以让对象的边缘以指定的路径过渡到透明效果，从而实现柔化边缘的效果。

以下将以当前制作的宣传册为例，介绍羽化效果的制作方法。

① 打开随书所附光盘中的文件"第6章\《维盛家园》宣传册[封面]5.indd"。

② 使用选择工具 ▶ 选中第1页中的楼房外观展示图像。

③ 选择"对象"→"羽化"命令，在弹出的对话框中选择"羽化"复选框以激活下面的参数。

④ 在"羽化"对话框中按照图6.47所示进行参数设置，得到图6.48所示的效果。

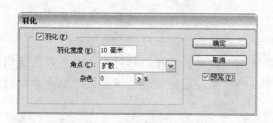

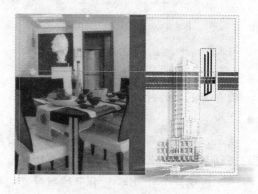

图6.47 "羽化"对话框　　　　　　　图6.48 羽化后的效果

"羽化"对话框中的参数解释如下：

■ "羽化宽度"：在该数值框中可以输入数值以设置对象从不透明过渡到透明的距离值。

"角点"下拉列表框中共有3种可以选择的转角方式，其解释如下：

■ "锐化"：选择该选项后，渐变从形状外边缘开始，包括锐角。

■ "圆角"：选择该选项后，原图形的角将变为以羽化距离为半径的圆角。

■ "扩散"：选择该选项后，可以使对象的边缘从不透明过渡到透明。

6.7 修改对象层次

在InDesign中，绘制图形的先后顺序决定了对象的上下层次性关系，后绘制的图形将覆盖在先绘制的图形上，但用户可以通过下述方法改变对象之间的层次关系。

以下就将以当前制作的宣传册为例，介绍修改对象层次的方法。

① 打开随书所附光盘中的文件"第6章\《维盛家园》宣传册[封面]6.indd"。

② 使用选择工具 ▶ 选中第1页中的楼房外观展示图像。

③ 连续按Ctrl+Shift+[组合键或选择"对象"→"排列"→"置为底层"命令，此时该图像将被置于所有对象的底部。

"对象"→"排列"命令级联菜单中的各个命令功能解释如下：

- 按Ctrl+Shift+]组合键或选择"对象"→"排列"→"置于顶层"命令，移动选定的对象到其他重叠对象之前。
- 按Ctrl +]组合键或选择"对象"→"排列"→"前移一层"命令，将选定对象在重叠对象堆叠中向上移动一层。
- 按Ctrl+Shift+[组合键或选择"对象"→"排列"→"显为底层"命令，移动选定对象到其他任何重叠对象之后。
- 按Ctrl+[组合键或选择"对象"→"排列"→"后移一层"命令，将选定对象在重叠对象堆叠中向下移动一层。

④ 按Ctrl+]组合键或选择"对象"→"排列"→"前移一层"命令，从而将图像移至背景矩形的上一层，得到如图6.49所示的效果。

图6.49　修改对象层次

6.8　裁 切 图 像

通常情况下，只要我们使用选择工具 拖动对象的控制框，即可对其进行裁切，除此之外，还可以利用钢笔工具 在对象的控制框上添加节点，再利用直接选择工具 对节点进行编辑，从而得到异型的裁切图像。

以下将以当前制作的宣传册为例，介绍裁切图像的操作方法。

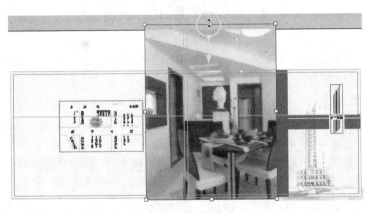

图6.50　拖动图像的控制句柄

① 打开随书所附光盘中的文件"第6章\《维盛家园》宣传册[封面]7.indd"。

② 使用选择工具 选中要进行裁切的对象，该对象周围将显示控制框。

③ 使用选择工具 朝对象中心方向拖动图像的控制句柄，如图6.50所示，即可将该部分图像裁切掉，图6.51所示为将第1页上图像裁切后的效果，图6.52所示为将第2页上的图像裁切后的效果。

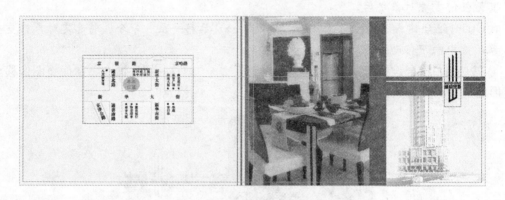

图6.51　第1页中裁切后的图像效果

图6.52　第2页中裁切后的图像效果

6.9　为对象添加阴影

利用"投影"命令可以为任意对象添加阴影效果，还可以设置阴影的混合模式、不透明度、模糊程度及颜色等参数。

以下将以当前制作的宣传册为例，介绍为对象添加阴影的操作方法。

① 打开随书所附光盘中的文件"第6章\《维盛家园》宣传册[封面]8.indd"。

② 使用选择工具 选中封面上的标志图像。

③ 选择"对象"→"投影"命令，在弹出的对话框中选择"投影"复选框以激活对话框中的参数。

④ 设置上一步激活的"投影"对话框，如图6.53所示，得到如图6.54所示的效果。

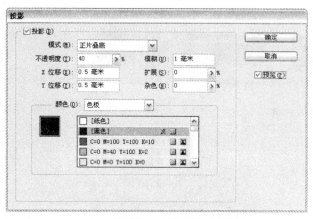

图6.53　"投影"对话框

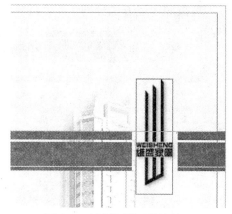

图6.54　添加阴影后的效果

"投影"对话框中的参数解释如下：

- "模式"：在该下拉列表框中可以选择阴影的混合模式。
- "不透明度"：该数值用于控制阴影的透明属性。
- "模糊"：该数值用于控制阴影的模糊程度。
- "X位移"：该数值用于控制阴影在X轴上的位置。
- "Y位移"：该数值用于控制阴影在Y轴上的位置。
- "扩展"：该数值用于控制阴影的外散程度。
- "杂色"：该数值用于控制阴影所包含杂点的数量。

6.10　输 入 文 字

作为一个完善的排版软件，InDesign具有强大的文字处理功能。用户可以随意在工作页面的任何位置放置需要的文字，也可以将文字及文字段落赋予任意一种属性，甚至可以将文字转换成为形状来进行处理，用户既可以从其他软件中导入文字，也可以利用工具箱中的文字工具输入文字。

6.10.1　使用文字工具输入宣传说明文字

要使用文字工具输入文字，用户必须用文字工具在工作页面中绘制出一个文本框区域，释放鼠标后将有一个闪动的文本光标出现在文本框的左上角处，此后用户输入的任何文字都将显示于此光标后。

以下将以当前制作的宣传册为例，介绍使用文字工具输入文字的方法。

① 打开随书所附光盘中的文件"第6章\《维盛家园》宣传册[封面]9.indd"。

② 使用横排文字工具 T 在第1页的右半页上拖动鼠标，得到一个文本框，输入文字"点亮新生活"，如图6.55所示。

> 提示：默认情况下，输入的文字字体为"Times New Roman"，所以在输入中文文字时会出现乱码，因此要先将输入的字体设置为中文字体，关于设置字体可以参照本章第6.11.3节。

③ 按照上述方法分别在封面的右下方输入"维盛"2个字的拼音字母，如图6.56所示。

图6.55　输入中文　　　　　　　图6.56　输入字母

④ 如图6.57所示为按照同样的方法在第1页的左半页及第2页的左半页中输入文字后的效果。

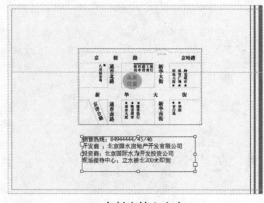
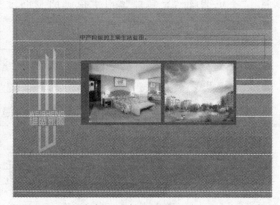

在封底输入文字　　　　　　　　　　在封二上输入文字

图6.57　输入文字

6.10.2　使用"粘贴"命令制作宣传说明文字

在InDesign中不仅可以直接输入文本，还可以通过"复制"、"粘贴"命令从其他软件中复制文本。

以下将以当前制作的宣传册为例，介绍以粘贴方式添加文字的操作步骤：

① 打开随书所附光盘中的文件"第6章\《维盛家园》宣传册[封面]9.indd"。

② 打开随书所附光盘中的文件"第6章\素材8.txt"，按Ctrl+A组合键或选择"编辑"→"全选"命令。

③ 按Ctrl+C组合键或选择"编辑"→"复制"命令。

④ 返回至InDesign出版物中，用横排文字工具 T 在第2页的左半页拖动以创建一个文本框。

⑤ 按Ctrl+V组合键或选择"编辑"→"粘贴"命令，得到如图6.58所示的效果。

⑥ 按照上述方法，打开随书所附光盘中的文件"第6章\素材9.txt"，将该素材中的文字粘贴至第2页的右半页中，得到如图6.59所示的效果。

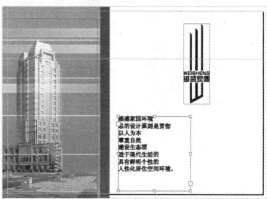

图6.58　在左半页粘贴文字　　　　　　图6.59　在右半页粘贴文字

6.11　设置文字格式

InDesign为用户提供了对文本属性，包括字体、文本尺寸、行距、字距微调、基线微移、水平及垂直比例、间距以及字母方向等的精确控制方法。允许用户在输入新文本前设置文本属性，或重新设置这些属性来更改所选中的已有文本的外观。

6.11.1　调整文字的大小

选择"文字"→"大小"级联菜单中的命令，可以为选定的文字指定大小。

如果在字号大小列表中没有用户需要的大小号数值，可以选择"文字"→"大小"→"其他"命令，此时将调出"字符"调板，在其中直接输入需要的文字大小即可。

以下将以当前制作的宣传册为例，介绍设置字体大小的操作步骤。

① 打开随书所附光盘中的文件"第6章\《维盛家园》宣传册[封面]10.indd"。

② 使用选择工具 将封面右半页中的文字"点亮新生活"选中，选择"窗口"→"文字和表"→"字符"命令以显示"字符"调板。

③ 在"字符"调板中的字体大小下拉列表框 中选择一个合适的字号，如果预设的文字大小不合适，也可以直接在数值框中输入文字大小，如图6.60所示，得到如图6.61所示的效果。

提示：由于原文字的文本框较小，在设置了文字大小后，原文本框无法容纳，所以变为空白，此时文本框右侧的小方块中将显示为红色的+号，如图6.62所示。在下一小节中将介绍显示出隐藏文字的方法。

图6.60 "字符"调板 　　　　图6.61 设置文字大小后的效果

如图6.63所示为"字符"调板中各参数的功能标注，其详细解释如下：

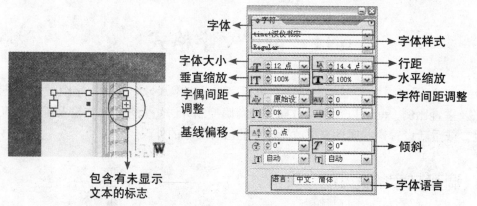

图6.62 包含未显示文本时的文本框状态 　　　图6.63 "字符"调板

- 字体：在该下拉列表框中可以选择不同的字体。
- 字体样式：在该下拉列表框中可以设置字体的特殊样式，例如Regular（正常）、倾斜（伪斜体）、Bold（加粗）及Bold Italic（加粗倾斜）。
- 字体大小：在此选择一个预设大小或输入数值，可以控制文字的大小。
- 行距：在此选择一个预设大小或输入数值，可以设置两行文本之间的距离，数值越大则行间距越大。
- 字符间距调整：该参数仅在光标插入文字中时才会被激活，在此选择一个预设大小或输入数值，可以设置光标距前一个字符的距离。
- 字符间距调整：该参数仅在选中文字时才会被激活，在此选择一个预设大小或输入数值，该数值越大，则文字之间的间距也越大。
- "垂直缩放"：在此选择一个预设大小或输入数值，可以调整字体垂直方向上的比例。
- 水平缩放：在此选择一个预设大小或输入数值，可以调整字体水平方向上的比例。
- 基线偏移：此参数仅用于设置选中文字的基线值，正数向上移动，负数则向下移动。
- 倾斜：在此输入数值可以设置文字的倾斜程度，其取值范围是−850至+850。

6.11.2　显示隐藏文字

在输入或置入文字时需要在页面中绘制一个文本框，再输入或置入文字，如果所绘制的文本框无法容纳全部文本，则会有部分文字被隐藏起来，以下就将以当前制作的宣传册为例，介绍显示隐藏文字的方法。

① 保持在文档"《维盛家园》宣传册[封面]10.indd"中。

② 使用选择工具 选中第1页右半页中包含隐藏文字的文本框。

③ 使用选择工具 向右下角拖动文本框右下角的控制句柄，如图6.64所示，直至将文字全部显示出来为止。

④ 使用选择工具 拖动显示了全部文字后的文本框，将其置于如图6.65所示的位置。

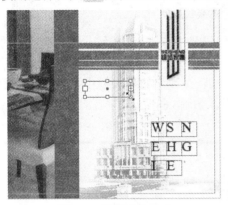

图6.64　设置文字大小　　　　　　　　图6.65　显示全部文字

⑤ 按照上一小节及本小节所介绍的方法，为文字设置适当的大小并摆放位置。图6.66所示为此时第1页中的效果，图6.67所示为此时第2页中的效果。

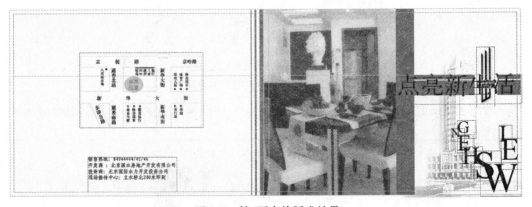

图6.66　第1页中的版式效果

6.11.3　设置文字的字体

在"字符"调板中除可设置文字的大小外，也可以设置其字体，以下就以当前制作的宣传册为例，介绍设置文字字体的操作方法：

① 保持在文档"《维盛家园》宣传册[封面]10.indd"中。

图6.67　第2页中的版式效果

② 使用选择工具 选中第1页右半页中的文字"点亮新生活"，并显示出"字符"调板。

③ 单击"字符"调板的"字体"下拉列表框，在弹出的列表框中选择一种需要的字体即可，例如编者在此选择的是"方正大黑简体"，如图6.68所示。

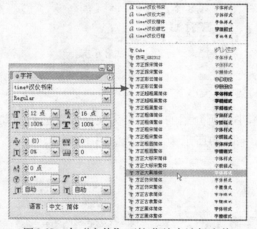

图6.68　在"字体"下拉菜单中选择字体

④ 按照上述方法，分别为第1页和第2页中的文字设置适当的字体，得到如图6.69和图6.70所示的效果。

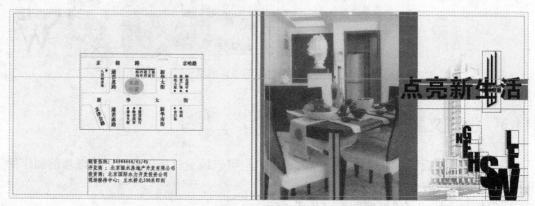

图6.69　设置第1页文字字体后的效果

图6.70　设置第2页文字字体后的效果

6.11.4　旋转文字对象

　　在InDesign中，可以利用旋转工具 ○ 来对文字、图形及图像等对象进行旋转，以下就以当前制作的宣传册为例，介绍旋转工具 ○ 的使用方法。

　　① 保持在文档"《维盛家园》宣传册[封面]10.indd"中。

　　② 使用选择工具 ▶ 选中第1页右半页中的字母"E"。

　　③ 使用旋转工具 ○ 将上一步选中的字母"E"逆时针旋转一定角度，并使用选择工具 ▶ 重新摆放其位置，得到如图6.71所示的效果。

　　④ 按照上述方法对各个字母进行旋转，重新摆放其位置及设置文字大小，得到类似如图6.72所示的效果。

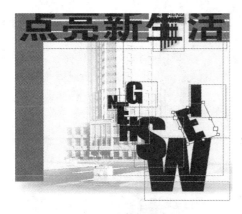

<table>
<tr><td align="center">图6.71　旋转一个字母</td><td align="center">图6.72　旋转并调整所有字母</td></tr>
</table>

　　⑤ 切换至第2页的右半页，设置适当的字体及大小，输入"维盛"2字的拼音字母，如图6.73所示。

　　⑥ 按住Shift键，使用旋转工具 ○ 将上一步输入的文字顺时针旋转90度，并使用选择工具 ▶ 将其置于如图6.74所示的位置。

图6.73　输入文字　　　　　　　　　　图6.74　旋转并摆放文字位置

6.11.5　设置文字颜色

不仅仅是图形图像才需要多种多样的颜色，文字也不例外，好的颜色搭配方案，能在整体版式设计中起到举足轻重的作用。以下就以当前操作的宣传册为例，介绍设置文字颜色的方法。

① 保持在文档"《维盛家园》宣传册[封面]10.indd"中。

② 使用选择工具 ▶ 选中第1页右半页中的文字"点亮新生活"。

③ 显示"颜色"调板并单击其右上角的侧三角按钮 ，在弹出的菜单中选择"CMYK"命令。

④ 保持在"颜色"调板中，单击该调板左上方的"文本色块"按钮 **T**，以确定当前是为文字设置颜色。

⑤ 在"颜色"调板中分别设置颜色值为C：2，M：2，Y：27，K：0，得到如图6.75所示的效果。

图6.75　修改文字颜色

⑥ 如图6.76和图6.77所示为将第1、2页中的文字设置适当的文字颜色后的效果。

提示：第1页右下角文字的颜色值为C：6，M：4，Y：40，K：0；第2页左半页2组文字为白色；
　　　第2页右半页的旋转文字"WEISHENG"的颜色值为C：100，M：95，Y：32，K：22。

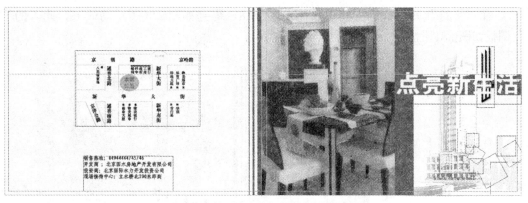

图6.76　第1页设置文字颜色后的效果

图6.77　第2页设置文字颜色后的效果

6.11.6　调整宣传册中文字的行间距

通过在"字符"调板中设置参数可以调整文字之间的行距，以下就以当前制作的宣传册为例，介绍调整文字行间距的方法。

① 保持在文档"《维盛家园》宣传册[封面]10.indd"中。

② 使用选择工具 选中第1页左半页底部的说明文字，如图6.78所示。

③ 显示"字符"调板，此时原文字的状态及"字符"调板状态如图6.79所示。

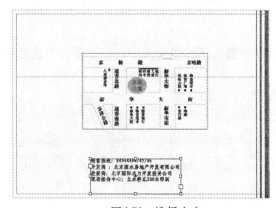

图6.78　选择文字

图6.79　"字符"调板

④ 在"字符"调板中将行间距数值设置为18，得到如图6.80所示的效果，此时的"字符"调板如图6.81所示。

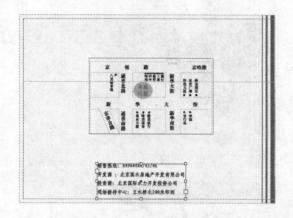

图6.80　设置行间距后的效果　　　　　图6.81　　"字符"调板

⑤ 按照上述方法，将第2页右半部底部说明文字的行间距设置为18，得到如图6.82所示的效果，其对应的"字符"调板如图6.83所示。

图6.82　设置行间距后的效果　　　　　图6.83　　"字符"调板

6.11.7　设置文字水平缩放

通过设置文字的水平缩放数值，可以调整文字的宽度大小，以下将以当前制作的宣传册为例，介绍设置文字水平缩放的方法。

① 保持在文档"《维盛家园》宣传册[封面]10.indd"中。

② 使用选择工具 ▶ 选中第1页右半页中的文字"点亮新生活"。

③ 显示"字符"调板，并设置文字的水平缩放数值为"60%"。

④ 使用选择工具 ▶ 将调整后的文字置于如图6.84所示的位置，此时对应的"字符"调板如图6.85所示。

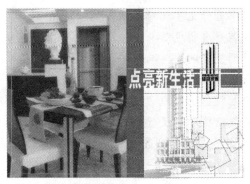

图6.84　设置文字水平缩放后的效果　　　　图6.85　　"字符"调板

6.12　设置段落对齐方式

在InDesign中允许用户以多种方式对齐段落，从而大大增加文字的可读性与美观性。本节仍以当前制作的宣传册为例，介绍设置段落对齐方式的方法。

① 打开随书所附光盘中的文件"第6章\《维盛家园》宣传册[封面]11.indd"。

② 使用选择工具 选中第2页左半页底部的说明文字。

③ 选择"窗口"→"文字和表"→"段落"命令以显示"段落"调板，如图6.86所示。

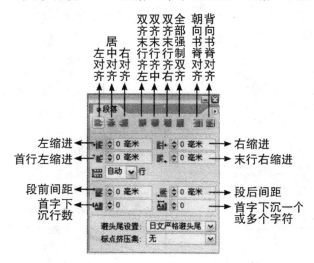

图6.86　　"段落"调板

"段落"调板中的复杂参数解释如下：

■ 全部强制双齐：单击该按钮后，段落中的文字将被强制向两端对齐。

■ 朝向书脊对齐：单击该按钮后，段落中的文字将向书脊所在的方向对齐。

■ 背向书脊对齐：单击该按钮后，段落中的文字将向书脊所在的反方向对齐。

■ 左缩进：该参数用于控制段落左侧相对于最左侧文本框的距离。

■ 右缩进：该参数用于控制段落右侧相对于最右侧文本框的距离。

■ 首行左缩进：该参数用于控制段落中首行文字相对其他行的缩进值。

- 末行右缩进：该参数用于控制段落中尾行文字相对其他行的缩进值。
- "段前间距"：在此输入数值可以调整当前段落与上一段落之间的垂直间距。
- "段后间距"：在此输入数值可以调整当前段落与下一段落之间的垂直间距。
- "首字下沉行数"：在此输入一个整数值，可以设置首字下沉的行数。
- 首字下沉一个或多个字符：在此输入数值，可以设置首行中将有多少个字符下沉。设置了"首字下沉行数"参数后，此处数值将自动设置为"1"。

④ 在"段落"调板中单击"右对齐"按钮，得到如图6.87所示的效果，此时的"段落"调板如图6.88所示。

图6.87 设置段落对齐方式　　　　　　图6.88 "段落"调板

⑤ 按照上述方法，将第2页右半页的说明文字设置为水平居中对齐，得到如图6.89所示的效果，此时的"段落"调板如图6.90所示。

图6.89 设置段落对齐方式　　　　　　图6.90 "段落"调板

6.13　对齐文字与图形

想要得到整齐、有序、间距相等的图形对象，仅靠人眼去判断对象间的位置很显然是不科学的，而利用"对齐"调板可以使选定对象沿用户指定的轴向对齐。

以下将以当前制作的宣传册为例，介绍对齐对象的操作方法。

① 打开随书所附光盘中的文件"第6章\《维盛家园》宣传册[封面]12.indd"。

② 选择"窗口"→"对象和版面"→"对齐"命令，以显示"对齐"调板。如图6.91所示。

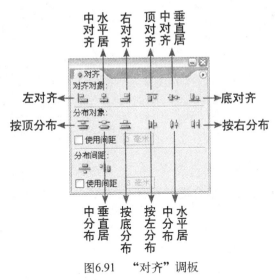

图6.91 "对齐"调板

③ 使用选择工具 选中第2页左半页底部的说明文字与中间的深蓝色矩形，如图6.92所示。

④ 单击"对齐"调板中的"右对齐"按钮，得到如图6.93所示的效果。

图6.92 选中对象

图6.93 对齐对象

6.14 连续变换并复制矩形

InDesign提供了变换并复制对象的功能，本节就以当前制作的宣传册为例，介绍变换并复制对象的方法。

① 打开随书所附光盘中的文件"第6章\《维盛家园》宣传册[封面]13.indd"。

② 设置填充色为"黑色"，边框色为"无"。按住Shift键，使用矩形工具 在第1页左半页绘制如图6.94所示的黑色矩形。

③ 使用选择工具 按住Alt+Shift组合键向右侧拖动矩形，得到其复制对象，如图6.95所示。

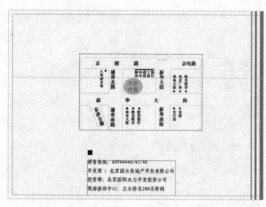
图6.94　绘制矩形块

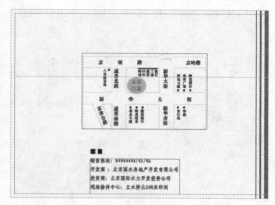
图6.95　复制矩形块

④ 连续按Ctrl+Alt+Shift+D组合键或选择"编辑"→"直接复制"命令6次，得到如图6.96所示的效果。

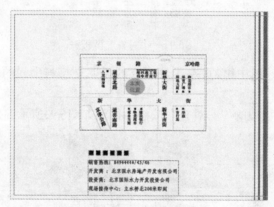
图6.96　连续复制后的效果

6.15　绘制渐变矩形

渐变是2个或多个颜色之间的逐步混合，在InDesign中提供了两种渐变效果，即"线性"渐变和"径向"渐变，本节将以当前制作的宣传册，介绍渐变的创建及其使用方法。

① 打开随书所附光盘中的文件"第6章\《维盛家园》宣传册[封面]14.indd"。

② 使用选择工具 ▶ 选中上一节在第1页左半页绘制的多个矩形。

③ 选择"窗口"→"对象和版面"→"路径查找器"命令以显示"路径查找器"调板，并单击如图6.97所示的按钮，从而将这些矩形复合在一起。

提示：将多个矩形块复合在一起再应用渐变，是为了保证渐变会应用于图形整体，否则渐变将会分别应用于各个矩形块。

④ 保持矩形的选中状态。选择"窗口"→"渐变"命令以显示"渐变"调板。使用鼠标单击调板底部的渐变色谱，从而激活渐变编辑状态，如图6.98所示。

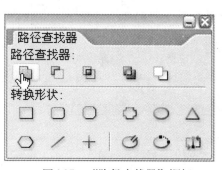

图6.97　"路径查找器"调板

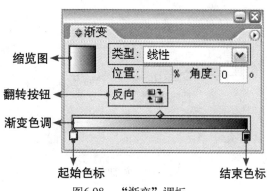

图6.98　"渐变"调板

"渐变"调板中各参数的解释如下：

- "缩览图"：在此可以查看到当前渐变的状态，它将随着渐变及渐变类型的变化而变化。
- "反向"：单击该按钮可以将渐变进行反复的水平翻转。
- "类型"：在该下拉列表框中可以选择"线性"和"径向"两种渐变类型。
- "位置"：当选中一个色标时，该数值框将被激活，在数值框中输入数值，即可调整当前色标的位置。
- "角度"：在此输入数值可以设置渐变的绘制角度。
- "渐变色谱"：此处可以显示出当前渐变的过渡效果。
- "起始"色标/"结束"色标：这里所指的起始或结束色并非白色或黑色，而是指位于渐变色谱最左侧和最右侧的两个颜色。在它们之间单击即可创建以当前点的颜色为准的色标。

⑤ 使用鼠标单击"起始"色标，选择"窗口"→"颜色"命令以显示"颜色"调板。在该调板中设置颜色值为C：69，M：15，Y：0，K：0，此时的"渐变"调板如图6.99所示。

⑥ 按照上述方法将"结束"色标的颜色值修改为C：75，M：5，Y：100，K：0，此时的"渐变"调板如图6.100所示。

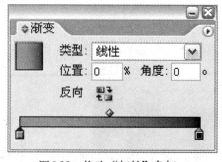

图6.99　修改"起始"色标

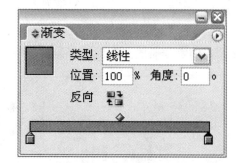

图6.100　修改"结束"色标

⑦ 使用鼠标在"起始"色标和"结束"色标之间单击以添加一个色标，此时的"渐变"调板如图6.101所示。

⑧ 切换至"颜色"调板，并设置上一步添加的色标的颜色值为C：1，M：99，Y：1，K：0，此时的"渐变"调板如图6.102所示。

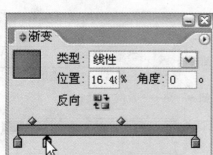
图6.101　添加色标

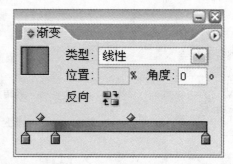
图6.102　修改色标颜色

⑨ 按照上述方法，在"渐变"调板中继续添加其他3个色标，直至得到如图6.103所示的效果。

> 提示：左数第3个色标的颜色值为C：4，M：0，Y：93，K：0；左数第4个色标的颜色值为
> 　　　C：11，M：99，Y：96，K：2；左数第5个色标的颜色值为C：100，M：80，Y：10，
> 　　　K：1。

⑩ 由于在之前的操作中已经选中了第1页左半页上的矩形，故在调整渐变的过程中，就已经为其应用了该渐变，其效果如图6.104所示。

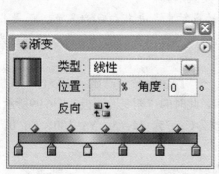
图6.103　"渐变"调板

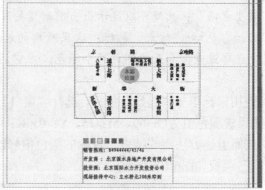
图6.104　渐变矩形块

至此，当前宣传册的封面就已经制作完毕，其整体效果如图6.105和图6.106所示。

图6.105　第1页中的完整效果（正封和封底）

图6.106　第2页中的完整效果（封二和封三）

提示：本例最终效果为随书所附光盘中的文件"第6章\《维盛家园》宣传册[封面].indd"。

6.16　练　习　题

1．下列效果无法在InDesign中实现的是（　　）。

A．羽化效果　　　　　　　　　　　　B．投影效果

C．半透明效果　　　　　　　　　　　D．内发光效果

2．在InDesign中，显示"路径查找器"调板的快捷键是什么？在该调板中共有几个复合形状按钮？（　　）

A．Shift+F9，5个。　　　　　　　　B．Shift+F9，17个。

C．无快捷键，5个。　　　　　　　　D．无快捷键，17个。

3．在"新建文档"对话框中可以设置的参数包括（　　）。

A．页数　　　　　B．页边距　　　　　C．页面尺寸　　　　D．页面方向

4．在打开文件时，可以设置哪些选项？（　　）

A．正常　　　　　　　　　　　　　　B．原稿

C．副本　　　　　　　　　　　　　　D．过滤

5．在"剪切路径"对话框中，可以使用哪些方式制作镂空背景图像？（　　）

A．检测边缘　　　　　　　　　　　　B．Alpha通道

C．Photoshop 路径　　　　　　　　　D．Photoshop 选区

6．下列关于InDesign中排列对象层次的说法错误的是（　　）。

A．按Ctrl+Shift+[键可以将当前对象移至所有对象的顶层

B．按Ctrl+]键可以将当前对象移至所有对象的顶层

C．按Ctrl+Shift+]键可以将当前对象移至所有对象的底层

D．按Ctrl+[键可以将当前对象移至所有对象的底层

7．在InDesign中可以设置的渐变类型包括（　　）。

A．线性渐变　　　　B．径向渐变　　　　C．对称渐变　　　　D．菱形渐变

8．连续移动并复制对象的快捷键是（　　）。

A．Ctrl+D键　　　B．Ctrl+Shift+D键　　　C．Ctrl+Alt+D键　　　D．Ctrl+Alt+Shift+D键

6.17　上机练习

1．结合本章的学习，在InDesign中利用随书所附光盘中的文件夹"第6章\上机练习1"，制作得到如图6.107所示的宣传册内页效果（假设该单页为纵向A4尺寸）。

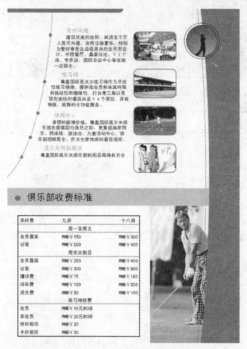

图6.107　宣传册内页效果

2．结合本章的学习，在InDesign中利用随书所附光盘中的文件夹"第6章\上机练习2"，制作得到如图6.108所示的宣传册的封面及内页效果。

图6.108　宣传册的封面及内页

第7章 在InDesign中设计宣传册内页

要 求

■ 掌握使用InDesign设计宣传册内页的常用技术。

知识点

■ 掌握创建多页文档的操作方法。
■ 掌握重新设定文档页码的操作方法。
■ 熟悉绘制虚线的操作方法。
■ 掌握制作路径绕排文字的操作方法。
■ 掌握用图文框装载对象的操作方法。
■ 熟悉使用钢笔工具 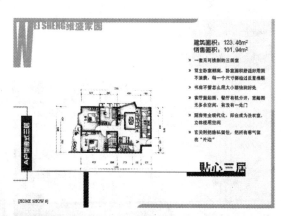 绘制图形的操作方法。
■ 掌握主页的相关操作。
■ 掌握创建及应用段落样式的操作方法。
■ 熟悉定义目录样式及生成目录的操作方法。

重点和难点

■ 重新设定文档页码。
■ 制作路径绕排文字。
■ 使用钢笔工具 绘制图形。
■ 主页的相关操作。
■ 创建及应用段落样式。
■ 定义目录样式及生成目录。

7.1　创建宣传册内文文档

在第6章中，已经将宣传册的封面部分制作完毕，从本章开始，将继续介绍宣传册中内文部分的制作方法，如图7.1所示。

图7.1　第1~6页的内容

提示：在本章中，共制作了12页内页，但从第6页开始，其效果就基本相同，故没有全部展示出来。

根据前面制作宣传册封面的流程，首先需要创建一个新文档，与之不同的是，文档中间不必再加入宣传册"书脊"部分的4mm，创建一个12页的文档即可，其操作步骤如下：

① 按Ctrl+N组合键新建一个文件，设置弹出的对话框如图7.2所示，单击"确定"按钮退出对话框。

② 保存当前文档，并将其命名为"《维盛家园》宣传册[内文].indd"。

③ 打开书籍"《维盛家园》宣传册.indb"，同时将显示"书籍"调板"《维盛家园》宣传册"。单击该调板底部的"添加文档"按钮 ，在弹出的对话框中选择上一步保存的文档，此时的"书籍"调板如图7.3所示。

图7.2　"新建文档"对话框　　　　图7.3　"书籍"调板"《维盛家园》宣传册"

7.2　重排文档页码

默认情况下，"书籍"调板中文档的页码是自动编排的，其页码范围出现在文档名称的右侧，而当遇到一些特殊的页面不需要编排页码时，就需要改变这个默认选项。

例如当前制作的宣传册内文文档中，封面文档是不需要与整个宣传册一起编排页码的，即内文文档需要重新进行编排页码，其操作步骤如下：

① 打开随书所附光盘中的文件"第7章\《维盛家园》宣传册[内文]1.indd"。

② 选择"窗口"→"页面"命令以显示"页面"调板，如图7.4所示。

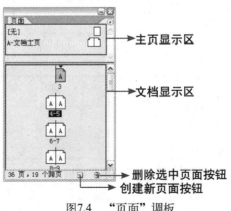

图7.4　"页面"调板

"页面"调板中的参数解释如下：

■ 主页显示区：在该区域中显示了当前所有主页及其名称，默认状态下有2个主页。

■ 文档显示区：在该区域中显示了所有当前文档的页面。

- "创建新页面"按钮 ：单击该按钮，可在当前所选页面后新建一页文档，如果按住Ctrl键单击该按钮可以创建一个新的主页。
- "删除选中页面"按钮：单击该按钮可以删除当前所选的主页或文档页面。

③ 在"页面"调板中第3页的缩览图上单击右键，在弹出的菜单中选择 "页码和章节选项"命令，则弹出如图7.5所示的"页码和章节选项"对话框。

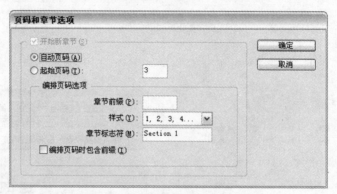

图7.5 "页码和章节选项"对话框

"页码和章节选项"对话框中的重要参数解释如下：
- "自动页码"：选择该单选按钮后，InDesign将按照先后顺序自动对文档进行编排页码。
- "起始页码"：在该数值框中输入数值，即可当前所选页开始编排页码。
- "样式"：在该下拉列表框中选择一个选项，可以设置生成页码时的格式，例如使用阿拉伯数字或小写英文字母等。

④ 在"页码和章节选项"对话框中选择"起始页码"单选按钮，并在其数值框中输入数字"1"。

⑤ 设置参数完毕后，单击"确定"按钮退出对话框即可，此时的"页面"调板如图7.6所示。

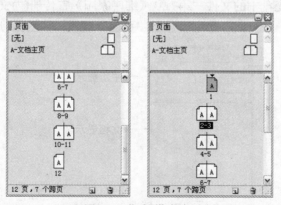

图7.6 "页面"调板

7.3 制作虚线效果

无论是在PageMaker中或是在InDesign中，要将线条或图形的边缘制作成虚线或其他边缘效果，都是一件非常简单的事情，本节就以当前制作的宣传册为例，介绍制作虚线效果的操作方法。

①打开随书所附光盘中的文件"第7章\《维盛家园》宣传册[内文]2.indd"。

②切换至文档第1页，使用矩形工具 ▣ 及直线工具 ＼，分别在"颜色"调板中设置其填充色和边框色的颜色值为C：0，M：0，Y：0，K：20，在页面中绘制如图7.7所示的矩形及直线。

③按Ctrl+D组合键应用"置入"命令，在弹出的对话框打开随书所附光盘中的文件"第7章\素材10.tif"，将其缩放并裁切后，置于第1页中灰色矩形内部的左侧，如图7.8所示。

图7.7　绘制直线及矩形

图7.8　摆放图像位置

④双击"书籍"调板"《维盛家园》宣传册"中的文档"《维盛家园》宣传册[封面]"以将其打开。

⑤切换至第1页的右半页，按住Shift键，使用选择工具 ▶ 将右下角的文字选中，按Ctrl+C键执行"拷贝"操作，关闭当前文档。

⑥返回文档"《维盛家园》宣传册[内文].indd"中，选择"编辑"→"原位粘贴"命令，得到如图7.9所示的效果。

⑦使用选择工具 ▶ 选中上一步粘贴得到的文字，按Ctrl+G组合键或选择"对象"→"编组"命令以将其群组。

⑧选择"窗口"→"透明度"命令以显示"透明度"调板，并在该调板中设置对象的不透明度为"30%"，得到如图7.10所示的效果。

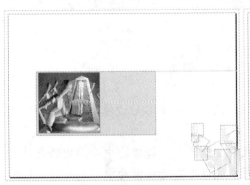

图7.9　粘贴文字

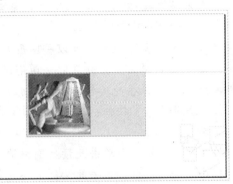

图7.10　设置不透明度

⑨ 选择横排文字工具 T，并设置适当的字体、大小及文字颜色，在图片的右侧及顶部输入文字，如图7.11所示。

提示：图片右侧的文字颜色值为C：0，M：0，Y：0，K：60；图片顶部的文字，较淡的文字颜色值为C：0，M：0，Y：0，K：20，较深的文字颜色值为C：0，M：0，Y：0，K：60。

---

⑩ 选择直线工具 ＼ 并设置填充色为"无"，边框色为"黑色"，选择"窗口"→"描边"命令以显示"描边"调板，如图7.12所示。

图7.11　输入文字

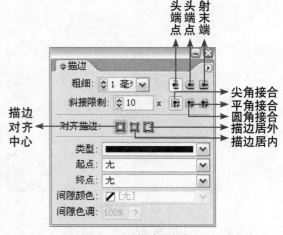

图7.12　"描边"调板

"描边"调板中参数的解释如下：

- "粗细"：在此数值框中输入数值可以指定笔画的粗细程度，用户也可以在下拉列表框中选择一个值以定义笔画的粗细。

- "斜接限制"：在此用户可以输入1~500之间的一个数值，以控制什么时候程序由斜角合并转成平角。默认的斜角限量是4，意味着线条斜角的长度达到线条粗细4倍时，程序将斜角转成平角。

- "平头端点"按钮 ：单击此按钮可定义描边线条为方形末端。

- "圆头端点"按钮 ：单击此按钮可定义描边线条为半圆形末端。

- "投射末端"按钮 ：单击此按钮定义描边线条为方形末端，同时在线条末端外扩展线宽的一半作为线条的延续。

- 尖角接合 ：单击此按钮可以将图形的转角变为尖角。

- 圆角接合 ：单击此按钮可以将图形的转角变为圆角。

- 平角接合 ：单击此按钮可以将图形的转角变为平角。

- "描边对齐中心"按钮：单击此按钮则描边线条会以图形的边缘为中心向内、外两侧进行绘制。

- "描边居内"按钮：单击此按钮则描边线条会以图形的边缘为中心向内进行绘制。

- "描边居外"按钮：单击此按钮则描边线条会以图形的边缘为中心向外进行绘制。

- "类型"：在该下拉列表框中可以选择描边线条的类型。

- "起点"：在该下拉列表框中可以选择描边开始时的形状。

- ■ "终点"：在该下拉列表框中可以选择描边结束时的形状。
- ■ "间隙颜色"：该颜色是用于指定虚线、点线和其他描边图案间隙处的颜色。该下拉列表框只有在类型下拉列表框中选择了一种描边类型后才会被激活。
- ■ "间隙色调"：在设置了一个间隙颜色后，该输入框才会被激活，输入不大于100的数值即可设置间隙颜色的淡色。

⑪ 在"类型"下拉列表框中选择如图7.13所示的描边类型，再从终点下拉列表框中选择如图7.14所示的结束形状。

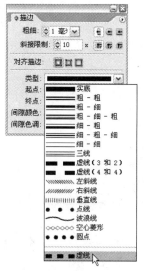

图7.13　选择线型

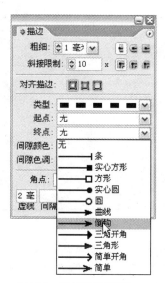

图7.14　选择结束图形

⑫ 按住Shift键，使用直线工具 ＼ 在第1页的底部绘制如图7.15所示的带有箭头的虚线。如图7.16所示为设置文字颜色为C：6，M：38，Y：100，K：0，在虚线箭头右侧输入文字"维盛家园"后的效果。

图7.15　绘制虚线

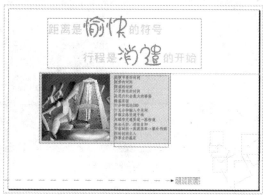

图7.16　输入文字

7.4　制作路径绕排文字

在InDesign中可以将文字置于任意形状的开放或闭合路径上，还可以针对路径上的文字应用各种选项和效果，例如让文字在路径上移动，将文字翻转到路径的另一侧，或通过路径的形状使文字变形等。本节将以当前制作的宣传册为例，介绍路径绕排文字的制作方法，其操作步骤如下：

① 打开随书所附光盘中的文件"第7章\《维盛家园》宣传册[内文]3.indd"。

② 切换至第2、3页，按Ctrl+D组合键应用"置入"命令，在弹出的对话框中打开随书所附光盘中的文件"第7章\素材11.tif"，使用选择工具 将其缩放为适当大小后，靠第2页的左侧边缘摆放，如图7.17所示。

图7.17　摆放图像位置

③ 设置填充色的颜色值为C：75，M：5，Y：100，K：0，边框色为"无"，使用矩形工具 在第2页的最右侧靠书脊处绘制一个绿色的矩形，如图7.18所示。

④ 按照本节第②步的方法置入随书所附光盘中的文件"第7章\素材12.tif"，使用选择工具 将其缩放为适当的大小后，置于上一步绘制的绿色矩形上，如图7.19所示。

图7.18　绘制矩形　　　　　　　　　　　图7.19　摆放图像位置

⑤ 设置填充色为"无"，边框色的颜色值为C：75，M：5，Y：100，K：0，显示"描边"调板并设置粗细数值为18。使用钢笔工具 在第2页中绘制如图7.20所示的圆弧路径。

> 提示：关于钢笔工具 的使用方法可以参照本章第7.7节的讲解。

⑥ 选择路径文字工具 并设置适当的字体、大小及颜色，将光标置于上一步绘制的路径上，直至光标变为 状态时单击鼠标以插入文本输入光标，并输入相关的说明文字，如图7.21所示。

图7.20　绘制路径

图7.21　输入路径绕排文字

⑦ 选择"窗口"→"文字和表"→"字符"命令以显示"字符"调板，并在该调板中设置文字基线数值为"−4点"，如图7.22所示，得到如图7.23所示的效果。

图7.22　"字符"调板

图7.23　设置文字基线后的效果

⑧ 设置填充色为"无"，边框色为"黑色"，显示"描边"调板，在其"类型"下拉列表框中选择最底部的描边虚线，并按照图7.24所示进行参数设置。按住Shift键，使用椭圆工具 在第3页的右上角绘制一个正圆虚线框，如图7.25所示。

图7.24　"描边"调板

图7.25　绘制正圆虚线框

⑨ 在"描边"调板中设置描边的粗细为2，再次绘制一个较大的正圆虚线框，并按照图7.26 所示的位置进行摆放。

⑩ 使用选择工具 ▶ 选中第3页右上角绘制的2个正圆虚线框，显示"透明度"调板并设置当前2个图形的不透明度为"10%"，得到如图7.27所示的效果。

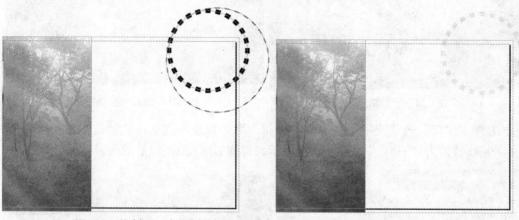

图7.26　绘制正圆虚线框　　　　　　　　　　图7.27　设置对象不透明度

⑪ 按照第6.3节介绍的方法，在第3页右侧的空白处绘制如图7.28所示的2条虚线。

⑫ 切换至文档第1页，将右下角的文字选中，返回第3页按Ctrl+Alt+Shift+D组合键执行"直接复制"操作，按Ctrl+Shift+G组合键执行"取消编组"操作。

⑬ 显示"颜色"调板并将文字的颜色值改为C：75，M：5，Y：100，K：0，得到如图7.29所示的效果。

图7.28　绘制虚线　　　　　　　　　　　　图7.29　粘贴文字

⑭ 在"颜色"调板中设置图形的填充色的颜色值为C：75，M：5，Y：100，K：0，边框色为"无"，使用矩形工具 ▭ 在上一步修改颜色后的文字左下方绘制如图7.30所示的矩形。

⑮ 使用选择工具 ▶ 将文字及矩形选中，按Ctrl+G组合键将它们编组，然后在"透明度"调板中设置其不透明度为"30%"，得到如图7.31所示的效果。

⑯ 使用横排文字工具 T 在第3页中输入说明文字，图7.32所示为隐藏了参考线后第2、3页的整体效果。

图7.30　绘制矩形　　　　　　　　　　　图7.31　设置对象不透明度

图7.32　第2、3页的整体效果

7.5　使用图文框装载图片

利用图文框，可以轻易地对图像进行裁切、创建蒙版、添加边框线，甚至可以将图文框作为占位图来进行排版布局。本节将以当前制作的宣传册为例，介绍图文框的使用方法。

① 打开随书所附光盘中的文件"第7章\《维盛家园》宣传册[内文]4.indd"。

② 切换至第4页，使用矩形工具 ■ 并设置适当的填充色及边框色，在页面中绘制如图7.33所示的矩形和矩形框。

③ 应用"置入"命令置入随书所附光盘中的文件"第7章\素材13.tif"，并将其缩放后置于第4页的右上角，如图7.34所示。

④ 打开随书所附光盘中的文件"第7章\素材14.txt"，并将该素材中的文字粘贴至InDesign中，使用横排文字工具 T 在第4页顶部的灰色矩形上面输入标题文字"钢骨柔情"等，直至得到如图7.35所示的效果。

⑤ 使用横排文字工具 T 输入"维盛"的拼音，并将其逆时针旋转90度，将与灰色矩形重合的文字设置为白色，置于如图7.36所示的位置。

提示：在第4页输入的文字中，除标题"钢骨柔情"中的"柔"字是深绿色外，其他的均为黑色及灰色。

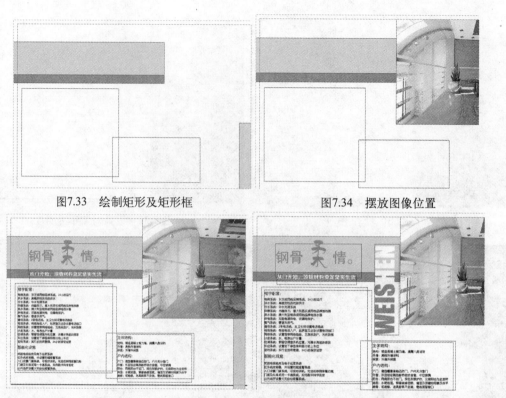

图7.33 绘制矩形及矩形框　　　　　　图7.34 摆放图像位置

图7.35 输入文字　　　　　　　　　图7.36 旋转并摆放文字位置

⑥ 设置填充色为"无"，边框色为"黑色"。使用椭圆图文框工具  在页面中单击，设置弹出的对话框，如图7.37所示，单击"确定"按钮退出对话框，即可得到一个35 mm×35 mm的正圆形图文框。

⑦ 使用选择工具 选中上一步绘制的正圆图文框，应用"置入"命令，在弹出的对话框中打开随书所附光盘中的文件"第7章\素材15.tif"，从而将该图像置于正圆图文框中。

图7.37 "椭圆"对话框

⑧ 使用选择工具 选中正圆图文框中的图像，按住Shift键向左上角拖动右下角的控制句柄，将其缩小至如图7.38所示的效果，并将其置于第4页最左侧的位置，如图7.39 所示。

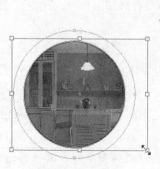

图7.38 置入图像

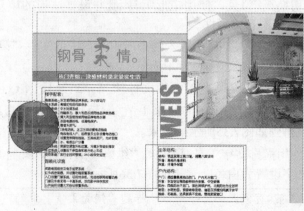

图7.39 摆放图文框位置

7.6　制作图文绕排

使用InDesign的文本绕排功能，可以让文本绕过任何对象，甚至包括文本框、图形及图像等，当针对一个对象应用文本绕排时，InDesign会自动生成一个围绕对象的边界来排斥文本。本节将以当前制作的宣传册为例，介绍图文绕排的制作方法。

① 打开随书所附光盘中的文件"第7章\《维盛家园》宣传册[内文]5.indd"。

② 使用选择工具 选中第4页左侧的正圆图文框，选择"窗口"→"文本绕排"命令以显示"文本绕排"调板，如图7.40所示。

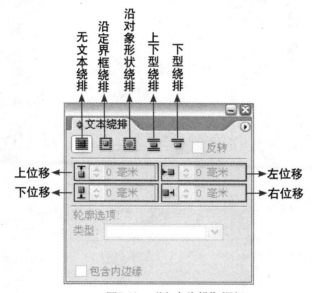

图7.40　"文本绕排"调板

"文本绕排"调板中的参数解释如下：

- "无文本绕排"按钮：单击此按钮后则对象无任何绕排效果。
- "沿定界框绕排"按钮：单击此按钮后，将创建一个矩形的绕排，其宽度与高度由被选对象的大小决定。
- "沿对象形状绕排"按钮：单击该按钮后，将创建一个与选定对象形状相同的文本绕排边界。
- "上下型绕排"按钮：单击该按钮后，将保持文本不在文本框的左右任何地方出现。
- "下型绕排"按钮：单击该按钮后，将强迫周围的文本转到下一栏或文本框的顶部。
- "反转"：选择该复选框后，将向反方向进行文本绕排。
- "上位移"：该数值用于设置文本与绕排对象顶部的距离。
- "下位移"：该数值用于设置文本与绕排对象底部的距离。
- "左位移"：该数值用于设置文本与绕排对象左侧的距离。
- "右位移"：该数值用于设置文本与绕排对象右侧的距离。
- "包含内边缘"：选择该复选框后，如果绕排对象内部具有中空的区域，则文本会自动填充至中空位置。

在"类型"下拉列表框中包括6个选项，其含义分别如下所述：

- "定界框"：选择该选项则依照绕排对象的宽度及高度形成的矩形绕排文本。
- "检测边缘"：选择该选项则使用InDesign的自动边缘查找功能来生成文本绕排边界。
- "Alpha 通道"：选择该选项则使用绕排对象保存的Alpha通道生成文本绕排的边界。
- "Photoshop 路径"：选择该选项则使用绕排对象保存的路径生成文本绕排边界。
- "图形框架"：选择该选项则从作为容器的图形框产生文本绕排边界。
- "与剪贴路径相同"：选择该选项则使用导入图像的剪贴路径作为文本绕排的边界。

③ 在正圆图文框被选中的情况下，单击"文本绕排"调板中的"沿对象形状绕排"按钮 ▣ ，如图7.41所示，得到如图7.42所示的效果。

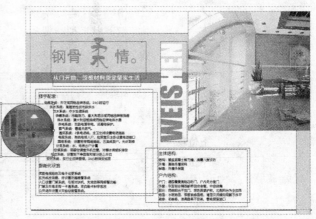

图7.41 "文本绕排"调板　　　　　图7.42 文本绕排效果

7.7　使用钢笔工具绘制复杂的图形

钢笔工具 ✍ 是使用频率较高的一个工具，它可以绘制出其他的简单图形工具，如矩形工具 ▢ 和椭圆工具 ◯ 等很难或无法绘制出的图形，还可以绘制出精准的直线与曲线。本节将以当前制作的宣传册为例，介绍钢笔工具 ✍ 的使用方法。

① 打开随书所附光盘中的文件"第7章\《维盛家园》宣传册[内文]6.indd"。

② 切换至文档第5页，设置填充色的颜色值为C：100，M：90，Y：10，K：0，边框色为"无"，使用矩形工具 ▢ 绘制一个能够覆盖第5页文档的矩形，如图7.43所示。

③ 设置填充色为"无"，边框色的颜色值为C：19，M：13，Y：3，K：0，使用钢笔工具 ✍ 在左上方的出血线上单击以添加第一个节点。

④ 向下移动光标，以添加第2个节点，单击并按住鼠标左键不放，向左下方拖动鼠标，从而在2个节点间绘制一条向右的曲线，如图7.44所示。

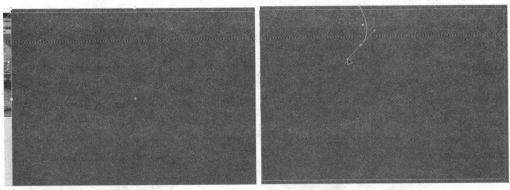

图7.43　绘制矩形　　　　　　　　　　　图7.44　绘制路径

⑤ 在上一步绘制曲线时，以第2个节点为中心产生了2个控制句柄，但事实上，真正用于控制当前曲线的只是贴近曲线端的控制句柄，另外一端的控制句柄是用于控制第2与第3个节点之间的曲线的，如图7.45所示。也就是说，在继续绘制第3个节点时，所得到的曲线将会受到一定的限制，要去除该限制可执行以下操作。

⑥ 使用钢笔工具 ，并将其置于第2个节点上，此时光标将变为 状态，单击鼠标即可去除限制，如图7.46所示。

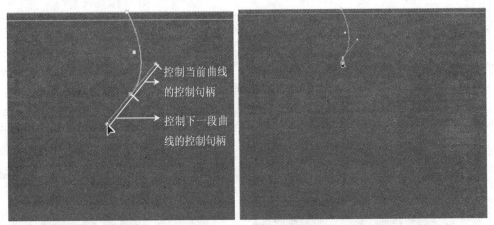

图7.45　控制句柄分析图　　　　　　　　图7.46　去除多余控制句柄

⑦ 按照上述方法，继续绘制其他曲线路径，直至得到如图7.47所示的效果，图7.48所示为取消了路径选中状态后的线条效果。

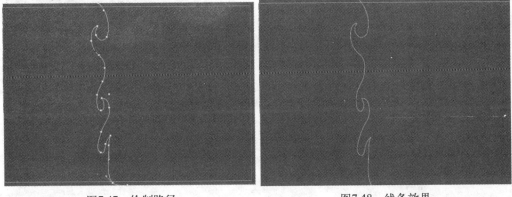

图7.47　绘制路径　　　　　　　　　　　图7.48　线条效果

⑧ 使用钢笔工具 在第5页的左下角、左上角单击，将光标置于路径的第1节点处，当光标变为 状态时单击鼠标左键即可得到一个闭合的路径。

⑨ 单击工具箱底部的互换填色和描边按钮 ，得到如图7.49所示的效果。

⑩ 设置文字填充色为"白色"，边框色为"无"，使用横排文字工具 在上一步绘制的图形上输入如图7.50所示的文字。按Ctrl+Shift+O组合键或选择"文字"→"创建轮廓"命令，以将文字转换为路径。

图7.49　绘制图形　　　　　　　　　　　　图7.50　输入文字

⑪ 按住Alt键，使用选择工具 向右下方拖动，得到其复制对象，并将该复制对象的文字颜色值设置为C：19，M：13，Y：3，K：0，得到如图7.51所示的效果。

⑫ 在"《维盛家园》宣传册[内文]6.indd"中，按Ctrl+D组合键置入随书所附光盘中的文件"第7章\素材5.ai"，并将其置于第5页的左侧，如图7.52所示。

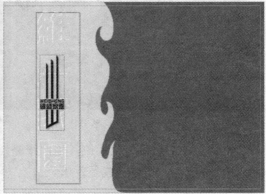

图7.51　设置文字颜色　　　　　　　　　　图7.52　摆放标志素材

⑬ 在文档"《维盛家园》宣传册[内文]6.indd"中，按Ctrl+D组合键置入随书所附光盘中的文件"第7章\素材6.ai"楼房图像，并将其置于第5页的右侧，如图7.53所示。

⑭ 保持楼房图像处于选中状态，显示"透明度"调板并设置不透明度数值为"30%"，得到如图7.54所示的效果。

⑮ 设置文字填充色及图形填充色的颜色值为C：19，M：13，Y：3，K：0，结合使用矩形工具 及横排文字工具 ，在第5页的右下方输入文字并绘制矩形条，得到如图7.55所示的效果，图7.56所示为其局部效果图。

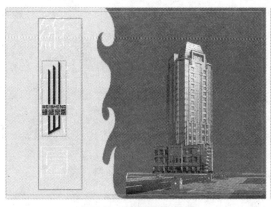

图7.53 摆放图像位置

图7.54 设置图像不透明度后的效果

图7.55 输入文字

图7.56 绘制图形并输入文字

7.8 制作主页

主页就是具有一类页面共同元素的特殊页面，此页面上所布置的任何一个元素，包括文字、图像、参考线都将出现在出版物中应用此主页的所有页面上。

通常情况下，用户只能在主页页面上更改主页元素，在出版物中的任何页面上主页元素不可被选中或更改，从而保证了主页元素与工作页面的相对独立性。

如果以后对出版物的版面不满意，可以在主页上对其做更改，这种改变将即时反映在出版物的各个工作页面上。

7.8.1 进入主页编辑状态

创建一个文档后，InDesign会自动为其创建1个主页，选择"窗口"→"页面"命令以显示"页面"调板，在调板的顶部即可看到当前文档的主页，如图7.57所示。

要进入主页编辑状态非常简单，以当前制作的文档"《维盛家园》宣传册[内文].indd"为例，可以执行下列操作之一：

■ 在"页面"调板中双击要编辑的主页名称即可。

■ 在文档底部的状态栏上单击页码切换下拉按钮，在弹出的菜单中选择需要编辑的主页名称，如图7.58所示。

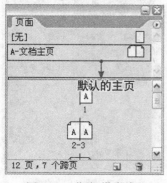

图7.57　"页面"调板

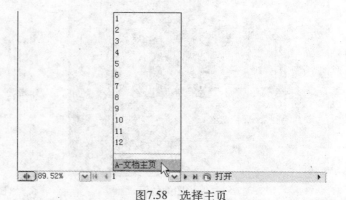

图7.58　选择主页

默认情况下，主页中包括2个空白页面，如图7.59所示，左侧的页面代表出版物中偶数页的版式，右侧的页面则代表出版物中奇数页的版式。

图7.59　默认状态下的主页状态

7.8.2　在主页中绘制圆角矩形

在InDesign中是无法直接绘制圆角矩形的，但可以利用转换图形的方式，间接得到圆角矩形，以下将以当前制作的宣传册为例，介绍制作圆角矩形的方法。

① 打开随书所附光盘中的文件"第7章\《维盛家园》宣传册[内文]7.indd"。

② 设置适当的颜色，使用矩形工具 在偶数页上绘制一个覆盖整页的矩形，选中该矩形，显示"渐变"调板并按照图7.60所示进行参数设置，得到如图7.61所示的效果。

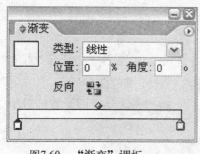

图7.60　"渐变"调板

图7.61　渐变效果

提示：在"渐变"调板中，最左侧色标为"白色"，最右侧色标的颜色值为C：5，M：3，
　　　Y：23，K：0。

③ 选中渐变矩形并按Ctrl+C组合键复制该矩形，选择"编辑"→"原位粘贴"命令，使
用选择工具 ▶ 向右侧拖动渐变矩形最左侧中间的控制句柄，直到拖至奇数页右侧的出血线
上，效果如图7.62所示。

图7.62　复制并变换渐变

④ 设置填充色颜色值为C：16，M：57，Y：100，K：2，边框色为"无"，使用矩形
工具 ▢ 在偶数页上绘制如图7.63所示的2个矩形。

图7.63　绘制矩形

⑤ 使用选择工具 ▶ 选中上一步绘制的2个矩形，显示"路径查找器"调板并单击如图
7.64所示的调板按钮，得到如图7.65所示的圆角矩形效果。

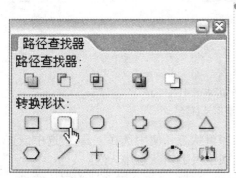

图7.64　"路径查找器"调板

图7.65　圆角矩形效果

⑥ 保持填充及边框色不变，结合使用横排文字工具 T 及矩形工具 ▢ ，在主页中添加如图7.66所示的图形及文字。

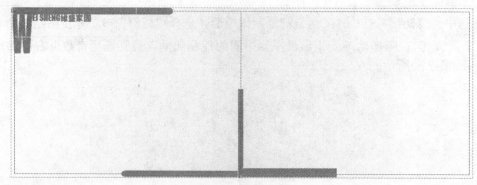

图7.66　绘制矩形

⑦ 设置填充色的颜色值为C：6，M：38，Y：100，K：0，边框色为"无"，使用矩形工具 ▢ 在主页的中间处绘制如图7.67所示的矩形。

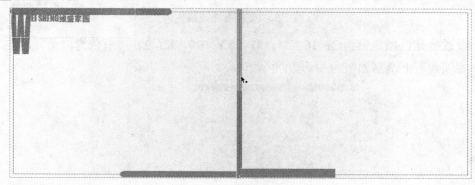

图7.67　绘制矩形

⑧ 结合使用矩形工具 ▢ 及直线工具 ＼ ，分别设置其填充色和边框色为"黑色"，在主页中绘制如图7.68所示的图形。

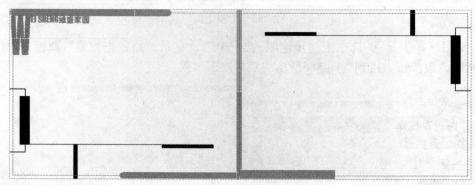

图7.68　绘制矩形及线条

⑨ 显示"页面"调板并双击第1页以进入其编辑状态，使用选择工具 ▶ 选中该页右下角的杂乱文字，按Ctrl+C组合键复制这些文字，返回主页编辑状态中。

⑩ 选择"编辑"→"原位粘贴"命令，按Ctrl+Shift+G组合键取消文字的编组，并重新将文字的颜色值设置为C：16，M：57，Y：100，K：2。

⑪ 设置填充色的颜色值为C：16，M：57，Y：100，K：2，边框色为"无"，使用矩形工具▢在奇数页右下角文字的左侧绘制如图7.69所示的矩形。

⑫ 使用选择工具▶将文字与矩形选中，按Ctrl+G组合键将它们编组，显示"透明度"调板并设置该对象的不透明度数值为"30%"，效果如图7.70所示。

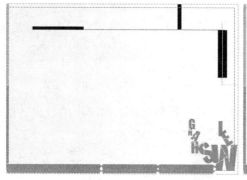
图7.69　绘制矩形并粘贴文字

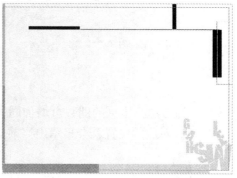
图7.70　设置对象不透明度

7.8.3　在主页上创建页码

任何出版物，通常情况下都必须具有页码，但不可能直接在各个工作页面上直接输入页码，更好地解决方法是在主页上创建页码。

以下将以当前制作的宣传册为例，介绍在主页中创建页码的操作方法。

① 保持文档"《维盛家园》宣传册[内文]7.indd"的主页编辑状态。

② 选择横排文字工具T，设置适当的字体及大小，文字颜色设置为"黑色"，在奇数页的右下角输入如图7.71所示的页码前缀文字。

图7.71　输入文字

> 提示：创建文本框时，其宽度要比输入文字的宽度略大几个字符，这样，当插入页码时，如果页码达到3位甚至4位数时，则不会出现因文本框宽度过小而无法显示页码的问题。

③ 按Ctrl+Alt+Shift+N组合键或选择"文字"→"插入特殊字符"→"自动页码"命令，得到如图7.72所示的效果，此时切换至奇数页第9页，对应的位置就会显示出当前的页码，如图7.73所示。

> 提示：页码中的字母"A"只是一个通配符，而且它与当前主页的名称有关。例如本文档中主页的名称为"A－Master"，故在此插入的页码通配符为A，如果主页名称为"X－Master"，则页码通配符即为"X"。

图7.72　插入通配符　　　　　　　　　　　　图7.73　预览页码

④ 按照上述方法为主页的偶数页增加同样的页码，得到如图7.74所示的效果，此时切换至偶数页第8页，对应的位置就会显示出当前的页码，如图7.75所示。

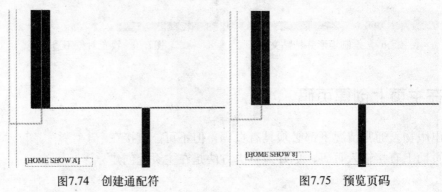

图7.74　创建通配符　　　　　　　　　　　　图7.75　预览页码

7.9　创建并应用段落样式

段落样式不同于文字样式，它是对段落属性进行定义的集合，利用段落样式用户可以设置诸如缩进、间距、首字下沉、悬挂缩进、段落标尺线以及文字颜色、高级文字属性等诸多参数。

以下将以当前制作的宣传册为例，介绍创建及应用段落样式的操作方法。

① 打开随书所附光盘中的文件"第7章\《维盛家园》宣传册[内文]8.indd"。

② 切换至第6页，按Ctrl+D组合键应用"置入"命令，在弹出的对话框中打开随书所附光盘中的文件"第7章\素材16.tif"，将图像缩放至适当大小后置于如图7.76所示的位置。

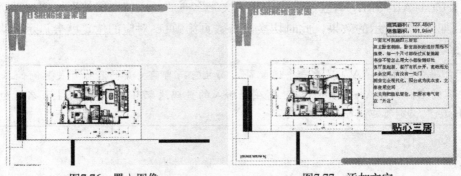

图7.76　置入图像　　　　　　　　　　　　图7.77　添加文字

③ 使用横排文字工具 T，在第6页中添加如图7.77所示的房屋说明文字。

④ 使用选择工具 选中上一步添加的中间段说明文字。选择"窗口"→"文字和表"→"段落样式"命令以显示"段落样式"调板。

⑤ 单击"创建新样式"按钮 ，得到样式"段落样式1"，在"段落样式"调板中单击该样式名称，即为当前文字应用了该样式，双击该样式名称则弹出如图7.78所示的对话框。

> 提示：在按下Alt键的情况下单击"创建新样式按钮" ，则会直接弹出"新建段落样式"对话框。

图7.78　"段落样式选项"对话框

可以看出，"段落样式选项"对话框主要分为2个部分，即项目列表区及参数区。当在项目列表区中选择不同的选项时，右侧的参数区会随之发生变化。

在"常规"选项的参数区中，重要的参数解释如下：

■ "基于"：此下拉列表框的意义在于，用户可以根据当前出版物已有的样式为基础父样式定义一个新的样式，此新样式将自动继承父样式的所有属性，而且无需再次重新定义。

■ "下一个样式"：在此下拉列表框中用户可以选择一个样式名称，此样式将作为从当前段落另起一个新段落后该段落自动应用的样式。

■ "快捷键"：用户可以为段落样式定义一个快捷键，以便快速应用样式，按数字小键盘上的Num Lock键，使数字小键盘可用。按Shift或Ctrl键，并同时按数字小键盘上的某数字键即可。

⑥ 在"样式名称"文本框中输入"内文"，其他参数采用默认设置即可，如图7.79所示。

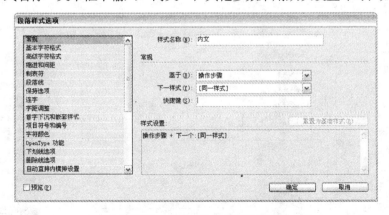

图7.79　"常规"选项对话框

⑦ 在项目列表区中选择"基本字符格式"选项，并设置其对话框，如图7.80所示，得到如图7.81所示的效果。在此对话框中可以有选择地设置文字的字体、字号、行距等属性。由于此对话框中的大部分选项在介绍"字符"调板时已有介绍，故在此不再重复。

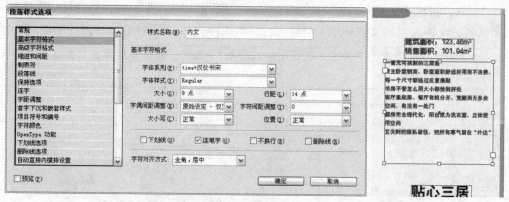

图7.80　"基本字符格式"选项对话框　　　　图7.81　文字效果

⑧ 在项目列表区中选择"缩进和间距"选项，并设置其对话框，如图7.82所示，得到如图7.83所示的效果。在此对话框中可以有选择地设置段落的左缩进、首行缩进、段前间距等属性。由于此对话框中的大部分选项在介绍"段落"调板时已有介绍，故在此不再重复。

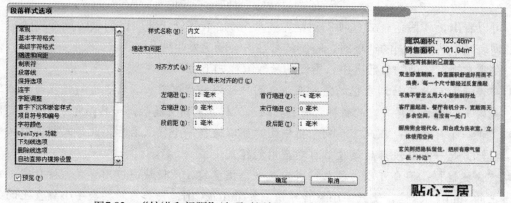

图7.82　"缩进和间距"选项对话框　　　　图7.83　文字效果

⑨ 在项目列表区中选择"项目符号和编号"选项，并设置其对话框，如图7.84所示，得到如图7.85所示的效果。

图7.84　"项目符号和编号"选项对话框　　　　图7.85　文字效果

"项目符号和编号"选项的参数区中重要的参数解释如下：

- "列表类型"：在该下拉列表框中可以选择为文字添加"项目符号"和"编号"，或选择"无"选项，即什么都不添加。
- "项目符号字符"：当在"列表类型"下拉列表框中选择"项目符号"时则会显示出该区域，在该区域中可以选择要为文字添加的项目符号类型。如果需要更多的项目符号，可以单击右侧的"添加"按钮，在弹出的对话框中添加新的项目符号即可。
- "编号样式"：当在"列表类型"下拉列表框中选择"编号"时则会显示出该区域，在该区域中可以设置编号的样式、起始编号、字体、大小及文字颜色等属性。

⑩ 在项目列表区中选择"字符颜色"选项，并设置其对话框，如图7.86所示。

图7.86　"字符颜色"选项对话框

⑪ 单击"确定"按钮退出对话框，即完成样式"内文"的创建。

⑫ 按照上述方法，新建一个名为"标题"的样式，分别设置其"基本字符格式"和"制表符"选项，如图7.87和图7.88所示，再将文字颜色设置为"白色"即可。

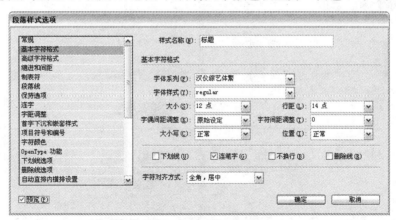

图7.87　"基本字符格式"选项对话框

"制表符"选项的参数区中重要的参数解释如下：

- "X"（水平位置）：在此文本框中输入数值可以设定制表符的位置。
- "前导符"：在此文本框中可以设置目录条目与页码之间的内容。例如在本例中编者输入的是英文句号"."。

■ "清除全部"：单击该按钮可以清除当前设置的所有制表符。

> 提示：在此设置制表符的样式是为了在生成目录时使用，制表符的位置取决于目录所处的位置及宽度大小。读者在制作时可根据实际情况修改该数值。

⑬ 设置段落样式为"标题"，使用横排文字工具 T，输入文字并旋转，将文字置于第6页左侧的黑色竖矩形上，如图7.89所示。

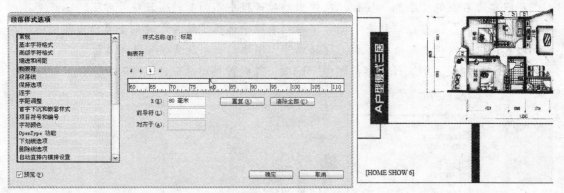

图7.88　"制表符"选项对话框　　　　　　　图7.89　输入并旋转文字

⑭ 按照上述方法，在第6~12页中置入图像、输入文字，并为其中的大段说明文字应用"内文"样式，图7.90所示为制作完后的第6~12页文档的整体状态。

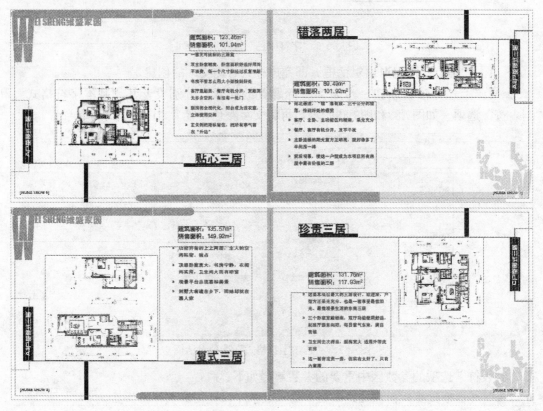

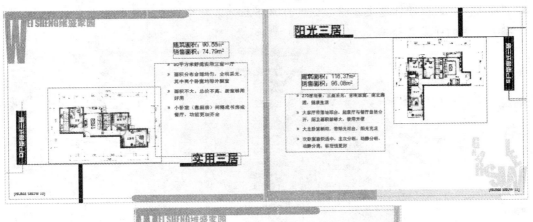

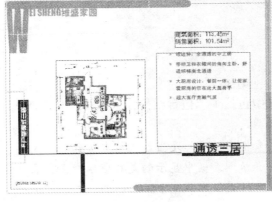

图7.90　第6~12页的页面效果

提示：第6~12页中的标题文字分别为：A2户型复式三居、A3户型复式三居、C户型复式三居、D户型复式三居、E户型复式三居、F户型复式三居。所用到的素材图像为随书所附光盘中的文件"第7章\素材17.tif~素材22.tif"6幅素材。

7.10　生成宣传册的目录

创建目录之前，首先要确定目录中的内容，并根据目录等级为其应用样式，通常这些内容都是文章的标题，且较为简短。

以下将以当前制作的宣传册为例，将应用了"标题"样式的文字生成为目录，其操作步骤如下：

① 打开随书所附光盘中的文件"第7章\《维盛家园》宣传册[内文]9.indd"。

② 首先需要创建一个目录样式。选择"版面"→"目录样式"命令，弹出如图7.91所示的对话框。

③ 单击对话框右侧的"新建"按钮，弹出如图7.92所示的对话框。

"新目录样式"对话框中的重要参数解释如下：

■ "目录样式"：在该文本框框中可以为当前新建的样式命名。

■ "标题"：在该文本框框中可以输入目录顶部的文字。

■ "样式"：在位于标题文本框右侧的样式下拉列表框中，可以选择生成目录后，标题文字要应用的样式名称。

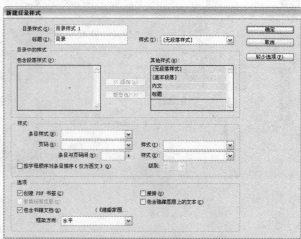

图7.91　"目录样式"对话框　　　　　　　图7.92　"新建目录样式"对话框

在目录中的样式区域中包括了"包含段落样式"和"其他样式"2个列表框，其含义如下所述：

■ "其他样式"：该列表框中显示的是当前文档中所有的样式。

■ "包含段落样式"：在该列表框中显示的是希望包括在目录中的文字所使用的样式。它是通过在右侧的"其他样式"列表框中添加得到的。

■ "条目样式"：在该下拉列表框中可以选择与"包含段落样式"列表框中相应的、用来格式化目录条目的段落样式。

■ "页码"：在该下拉列表框中可以指定选定的样式中，页码与目录条目之间的位置，依次为"条目前"、"条目后"及"无页码"3个选项。通常情况下，选择的是"条目后"选项。在其右侧的"样式"下拉列表框中还可以指定页码的样式。

■ "条目与页码间"：在此可以指定目录的条目及其页码之间希望插入的字符，默认为^t（即定位符，尖号^+t）。在其右侧的"样式"下拉列表框中还可以为条目与页码之间的内容指定一个样式。

■ "按字母顺序对条目排列序"：选择该复选框后，目录将会按所选样式，根据英文字母的顺序进行排列。

■ "级别"：默认情况下，添加到"包含段落样式"列表框中的每个项目都比它之前的目录低一级。

■ "创建PDF书签"：选择该复选框后，在输出目录的同时还会将其输出成为书签。

■ "接排"：选择该复选框后，则所有的目录条目都会排在一段，各个条目之间用分号加一个空格进行间隔。

■ "替换现有目录"：如果当前已经有一份目录，则此复选框会被激活，选中后新生成的目录会替换旧的目录。

■ "包含隐藏图层上的文本"：选择该复选框后，则生成目录时会包括隐藏图层中的文本。

■ "包含书籍文档"：如果当前文档是书籍文档中的一部分，则此复选框会被激活。选择该复选框后，可以为书籍中的所有文档创建一个单独的目录，并重排书籍的页码。

④ 在"新建目录样式"对话框中的"目录样式"后输入样式的名称为"Content"。

⑤ 在"其他样式"列表框中双击"标题"样式，以将其添加到"包含段落样式"列表框中，如图7.93所示。

⑥ 单击"确定"按钮返回"目录样式"对话框中，此时该对话框中已经存在了一个新的目录样式，如图7.94所示。单击"确定"按钮退出对话框即可。

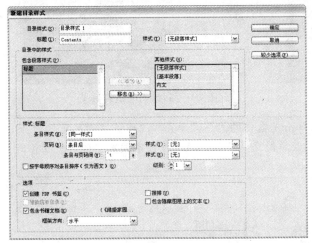

图7.93　"新建目录样式"对话框

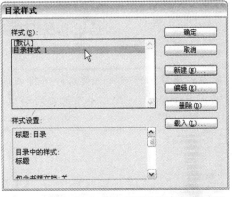

图7.94　添加样式后的"目录样式"对话框

⑦ 切换至文档第5页，选择"版面"→"目录"命令，由于前面已经设置好了相应的参数，此时弹出的对话框如图7.95所示。

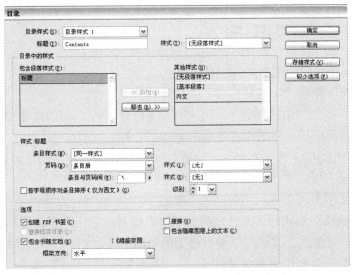

图7.95　"目录"对话框

⑧ 单击"确定"按钮退出对话框即开始生成目录，生成目录完毕后，光标将变为状态，单击鼠标即可得到生成的目录。使用选择工具 将生成的目录缩放成适当的大小后，置于如图7.96所示的位置。

⑨ 使用横排文字工具 T 选中目录顶部的文字Contents，按Delete键将其删除，得到如图7.97所示的最终效果。

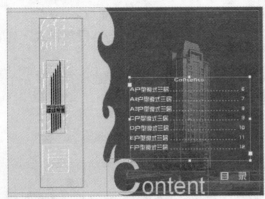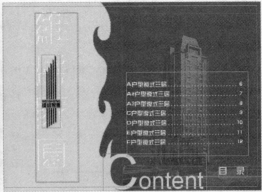

图7.96 生成的目录	图7.97 目录页的最终效果

提示：本章制作的宣传册最终文件为随书所附光盘中的文件"第7章\《维盛家园》宣传册[内文].indd"，其立体效果为随书所附光盘中的文件"第7章\《维盛家园》宣传册－立体效果.psd"。

7.11 练 习 题

1．下列关于InDesign的说法错误的是（   ）。

A．在InDesign中可以为边框设置渐变色

B．在InDesign中可以制作虚线效果

C．在InDesign中可以制作复合形状

D．在InDesign中可以为图像增加羽化效果

2．显示"页面"调板的快捷键是（   ）。

A．F7键   B．F9键   C．F11键   D．F12键

3．下列关于路径绕排文字的说法正确的是（   ）。

A．将路径文字工具 置于路径上，当光标变为 状态时单击即可创建路径绕排文字

B．路径绕排文字可以在任意形态的路径上创建

C．路径绕排文字不可以在封闭的路径上创建

D．除"基线偏移"格式外，路径绕排文字可以像普通文字那样设置格式

4．如果将主页对象放在"图层"调板最上面的图层上，则页面上的对象将（   ）。

A．主页对象处于页面中所有对象之上

B．主页对象处于页面中所有对象之下

C．主页对象不显示在页面上

D．主页对象被删除

5．段落样式可以定义以下哪些文字属性？（   ）

A．字体   B．行间距   C．段落间距   D．首字下沉

6．下列关于生成目录的说法正确的是（   ）。

A．生成目录时必须先设定目录样式

B．InDesign中只能生成不大于10级的目录

C．在"目录"对话框中，可以为生成后的目录文字分别指定不同的段落样式

D．在打开书籍文件的情况下，可以为整个书籍中的文档生成目录

7.12　上机练习

1. 结合随书所附光盘中的文件夹"第7章\上机练习"，以及段落样式、绘制图形、置入图像等功能，尝试编排得到如图7.98 图7.99所示的4页宣传册内页效果。

2. 尝试针对《维盛家园》宣传册[内文].indd中第2~3页的内容进行重新编辑，要求基本的视觉感受不变，但整体的版面布局（也可包括图像）需要进行全新设计。

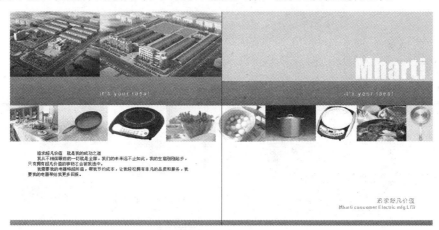

图7.98　宣传册内页2

图7.99　宣传册内页2

第8章　在InDesign中设计宣传单页

要　求

- 掌握使用InDesign设计宣传单页的常用技术。

技能点

- 创建并保存文件。
- 为图形填充渐变。
- 用钢笔工具✎编辑图形的形态。
- 置入、复制并翻转图像。
- 制作圆角矩形效果。
- 输入并格式化文字属性。
- 为对象添加投影效果。
- 设置对象的特殊描边属性。

重点和难点

- 用钢笔工具✎编辑图形的形态。
- 置入、复制并翻转图像。
- 输入并格式化文字属性。
- 设置对象的特殊描边属性。

8.1　创建并保存文件

本章设计的是一款以宣传电话可以"一机双号"为主题的单页作品，制作完成后的效果如图8.1所示。

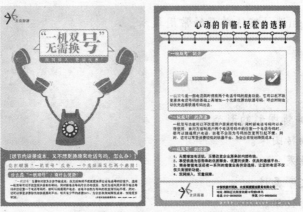

图8.1　完成后的设计效果

考虑到宣传页所放置的场所人流量较大，且平均停留的时间较短，因此设计师在宣传页的正面设计了一个有双听筒的电话图形，以配合"一机双号　无需换号"吸引消费者的注意，这种简单的设计手法，能够清晰地向消费者传达宣传册的主旨内容，并在获得有效注意后传达更详细的信息。

以下将创建本例的文件，并将其保存。

① 选择"文件"→"新建"→"文档"命令，设置弹出的对话框如图8.2所示。

② 单击"边距和分栏"按钮，设置弹出的对话框如图8.3所示，单击"确定"按钮退出对话框，从而新建一个文件。

图8.2　"新建文档"对话框　　　　　图8.3　"新建边距和分栏"对话框

③ 按Ctrl+S组合键保存文件，在弹出的对话框中设置文件保存的名称为"一机双号宣传单页设计.indd"。

8.2　制作宣传单页的正面背景

本节将结合图形绘制以及渐变填充等功能，在当前宣传单页的正面绘制其背景，其操作方法如下：

① 打开上一节制作完成的宣传单页文件"一机双号宣传单页设计.indd"。

② 显示"颜色"调板，设置填充色的颜色值为C：9，M：83，Y：99，K：0，并显示"色板"调板以"洋红"为名将其保存起来，再设置边框色为"无"，使用矩形工具 沿出血线绘制一个覆盖整个页面的矩形，如图8.4所示。

③ 显示"渐变"调板，设置参数如图8.5所示，在上一步绘制的洋红矩形上方绘制一个同等宽度不同高度的矩形，如图8.6所示。

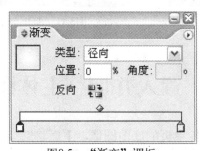

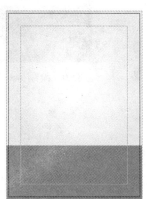

图8.4　绘制矩形　　　　　　图8.5　"渐变"调板　　　　图8.6　绘制一个同等宽度
　　　　　　　　　　　　　　　　　　　　　　　　　　　　　　不同高度的矩形

提示：在"渐变"调板中，所使用的渐变类型各色标的颜色值从左至右分别为白色和C：14，M：11，Y：18，K：0。

④ 使用选择工具 选中上一步绘制的渐变矩形，使用钢笔工具 分别在右下角的锚点左侧及上方附近单击以添加两个锚点，如图8.7所示。

⑤ 然后选择转换方向点工具 ，在右下角上的锚点位置拖动，得到如图8.8所示的效果，然后再使用直接选择工具 选中右下角的锚点，向左上方拖动一定距离，以制作一个圆角的矩形，如图8.9所示，按照同样的编辑路径的方法，编辑左下角的直角，以变为圆角，再设置边框色为"纸色"，边框粗细为0.75毫米，得到如图8.10所示的效果。

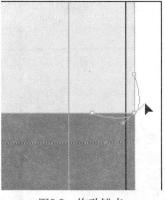

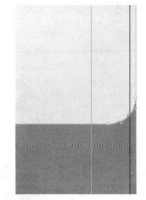

图8.7　添加两个锚点　　　　　图8.8　拖动锚点　　　　　图8.9　制作一个圆角的矩形

⑥ 结合钢笔工具 、添加锚点工具 及转换方向点工具 ，在渐变矩形右下角圆角左侧位置，制作向下方向指向标，得到如图8.11所示的效果。

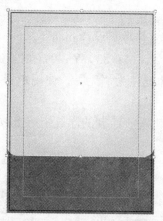

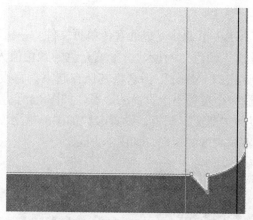

图8.10　绘制另一个圆角矩形　　　　图8.11　制作向下方向指向标

8.3　置入并调整主体图像

至此，我们已经完成了宣传单页的底图图像，下面将继续编排广告中的主体图像内容，其操作方法如下：

① 打开上一节制作完成的宣传单页文件"一机双号宣传单页设计.indd"。

② 单击页面空白处，按Ctrl+D组合键置入电话图像，在弹出的对话框中打开随书所附光盘中的文件"第8章\素材1.psd"。

③ 确认后在当前页面中单击，从而将图像置入到当前页面中，并在工具选项条上设置图像大小如 所示，调整得到如图8.12所示的效果。

④ 选中上一步置入的电话图像，然后按Ctrl+C组合键复制该图形，按Ctrl+V组合键执行"粘贴"操作。

⑤ 确保选择工具 选中的状态下，向内拖动图像将除电话听筒及电话线以外的图像裁掉，并单击"变换"调板最右侧的侧三角按钮 ，在弹出的菜单中选择"水平翻转"命令，然后将该图像移动到电话机的右侧，得到如图8.13所示的效果。

图8.12　置入图像　　　　图8.13　调整电话机右侧的听筒

8.4　制作圆角矩形

以下将结合矩形工具 □ 及钢笔工具 ◊ 等，绘制用于承载主体文字的图形，其操作方法如下：

① 打开上一节制作完的宣传单页文件"一机双号宣传单页设计.indd"。

② 设置填充色为"无"，设置边框粗细为0.25毫米，再设置边框色的颜色值为C：11，M：87，Y：89，K：0，并显示"色板"调板以"浅红"为名将其保存起来，使用钢笔工具 ◊ 在电话听筒旁绘制多条小线条图形，如图8.14所示。

提示：在使用钢笔工具 ◊ 绘制图形时，绘制完毕一条图形，可以单击页面空白处，以取消图形的选中状态，然后再绘制另一条线条图形。

以下将在电话听筒中间位置制作主题文字内容，先来制作图形。

---

③ 设置填充色的颜色值为C：4，M：2，Y：6，K：0，设置边框粗细为0.75毫米，再设置边框色为上一步保存的"浅红"，使用矩形工具 □ 在电话听筒中间位置绘制一个横向矩形，如图8.15所示。选择"对象"→"角效果"命令，设置弹出的对话框如图8.16所示，单击"确定"按钮，得到如图8.17所示的效果。

图8.14　绘制多条小线条图形

图8.15　绘制一个横向矩形

图8.16　"角效果"对话框

图8.17　应用"角效果"后的效果

④ 结合钢笔工具 ◊ ，设置的填充色与边框色与上一步相同，在圆角矩形的两侧分别绘

制两个三角图形，得到如图8.18所示的效果。

图8.18　绘制两个三角图形

> 提示：在使用钢笔工具 ◊ 绘制三角图形时，要结合Ctrl+[组合键后移一层，将三角图形移动到圆角矩形的后面。

8.5　制作广告的主体文字

到此为止，已经完成了一个图形的制作，下面将在这个图形上输入广告的主体文字，其操作方法如下：

① 打开上一节制作完成的宣传单页文件"一机双号宣传单页设计.indd"。

② 选择文字工具，在圆角矩形内部拖动得到一个文本框，设置适当的字体、字号及文字颜色为C：8，M：75，Y：98，K：0，并显示"色板"调板以"橘红"为名将其保存起来，输入文字"一机双无需换"，得到类似如图8.19所示的效果。

图8.19　输入文字

③ 选择"对象"→"投影"命令，设置弹出的对话框如图8.20所示，单击"确定"按钮，得到如图8.21所示的文字投影效果。

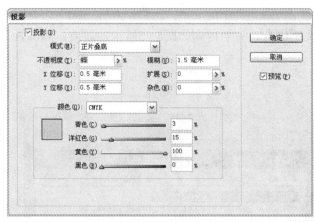

图8.20　"投影"对话框

图8.21　应用"投影"后的效果

④ 下面按照第②～③步的操作方法，制作文字"号"的效果，如图8.22所示，接着在文字左右两侧输入双引号，如图8.23所示。

图8.22　制作文字"号"的效果

图8.23　输入双引号

⑤ 按照上述操作方法，结合矩形工具 ▢、钢笔工具 ◊、转换点工具 ⌐、直线工具 ╲ 及文字工具，在主题文字的下方制作图形及输入文字，直至得到如图8.24所示的效果。

图8.24　制作图形及输入文字

⑥ 继续按照上述操作方法，结合随书所附光盘中的文件"第8章\素材2.psd"，分别在当前页面左上方及下方添加标志及相关文字信息，直至得到如图8.25所示的效果，局部效果如图8.26所示。

图8.25　添加标志及相关文字信息　　　　　　图8.26　局部效果

8.6　制作宣传单页背面的基本布局

至此，已经完成了宣传单页的一个页面设计内容，以下将完成另一个页面设计。首先，将结合图形绘制以及渐变填充等功能，完成背面的基本布局，其操作方法如下：

① 打开上一节制作完成的宣传单页文件"一机双号宣传单页设计.indd"。

② 切换至第2页，显示"渐变"调板，设置如图8.27所示的参数，使用矩形工具□沿出血线绘制一个覆盖整个页面的渐变矩形，如图8.28所示。

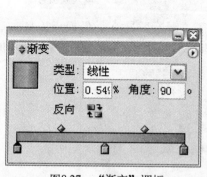

图8.27　"渐变"调板　　　　　　图8.28　绘制渐变矩形

提示：在"渐变"调板中，所使用的渐变类型各色标的颜色值从左至右分别为C：7，M：56，Y：94，C：6，M：22，Y：91和C：9，M：83，Y：100。

③ 设置填充色为"纸色"，再设置边框色为"无"，使用矩形工具□在当前页面上方绘制一个横向矩形，并选择"对象"→"角效果"命令，设置弹出的对话框如图8.29所示，单击"确定"按钮，得到如图8.30所示的圆角效果。

图8.29　"角效果"对话框　　　图8.30　应用"角效果"后的效果

④ 按Ctrl+C组合键复制白色图形，选择"编辑"→"原位粘贴"命令，得到同等大小的圆角矩形，然后按住Shift键向下拖动一定位置，直至得到如图8.31所示的效果。将光标置于横向圆角矩形下方中间控制句柄上向下拖动至如图8.32所示的效果。

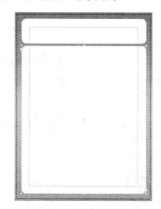

图8.31　移动圆角矩形　　　　图8.32　拖动后的效果

⑤ 显示"渐变"调板，设置参数如图8.33所示，使用矩形工具 ▣ 在圆角矩形下方绘制一个长条渐变矩形，如图8.34所示。

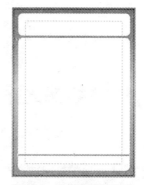

图8.33　"渐变"调板　　　　图8.34　绘制渐变矩形条

提示：在"渐变"调板中，所使用的渐变类型各色标的颜色值从左至右分别为C：6，M：46，Y：93和C：5，M：54，Y：93。至此，另一个页面的底图已经制作完毕，下面制作滑块图形。

8.7 绘制装饰图形

本节将结合直线工具 ╲ 及椭圆工具 ◯ ，配合适当的颜色设置及"多重复制"命令等功能，在背面中绘制装饰图形，其操作方法如下：

① 打开上一节制作完成的宣传单页文件"一机双号宣传单页设计.indd"。

② 选择直线工具 ╲ ，其工具选项条上的设置如 ▭▭▭ 所示，设置填充色为"无"，边框色为"黑色"，按住Shift键，在横向白色圆角矩形上绘制横向直线，得到如图8.35所示的效果。

③ 设置填充色为"纸色"，边框色为"黑色"，边框粗细为0.75毫米，按住Shift键，使用椭圆工具 ◯ 在滑块上绘制一个正圆，如图8.36所示。

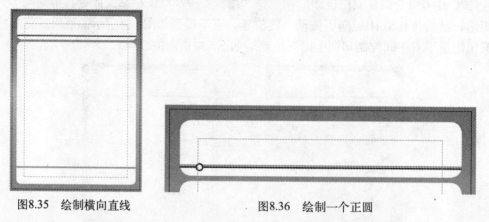

图8.35 绘制横向直线　　　　　　　　图8.36 绘制一个正圆

④ 使用选择工具 ▸ 选中正圆，选择"编辑"→"多重复制"命令，设置弹出的对话框，如图8.37所示，确认后得到如图8.38所示的等距离正圆效果。

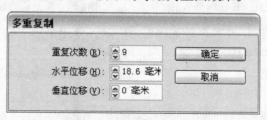

图8.37 "多重复制"对话框

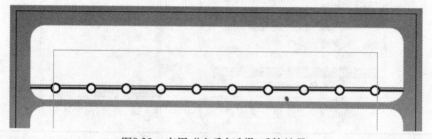

图8.38 应用"多重复制"后的效果

⑤ 设置填充色为"无"，边框色为"黑色"，边框粗细为0.75毫米，按住Shift键，使用直线工具 ╲ 从左至右在第一个正圆位置，从下至上绘制竖向直线，如图8.39所示。

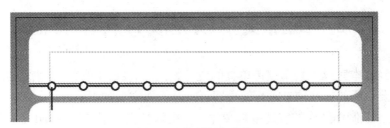

图8.39 绘制竖向直线

⑥ 选中竖向直线，显示"描边"调板，设置参数如图8.40所示，得到如图8.41所示的效果，按照第④步的操作方法，应用"多重复制"命令，直至得到如图8.42所示的等距离圆点直线效果。

图8.40 "描边"调板

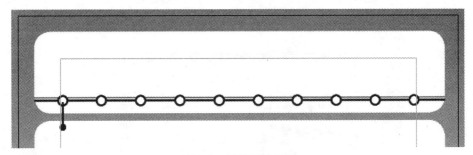

图8.41 描边后的效果

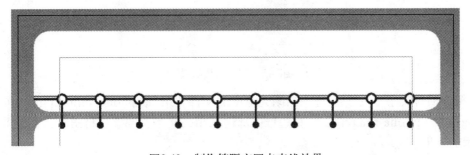

图8.42 制作等距离圆点直线效果

提示：绘制直线时，起点与终点的圆点取决于绘制直线时起笔与尾笔的方向。

8.8　编排文字以完成宣传单背面

至此，已经基本完成了整个宣传单页的设计，最后，我们可以在其背面绘制一些装饰图形，然后将需要说明的文字信息进行编排即可，其操作方法如下：

① 打开上一节制作完成的宣传单页文件"一机双号宣传单页设计.indd"。

② 结合使用矩形工具 □ 及钢笔工具 ◊，设置适当的填充色及边框色，在大圆角矩形上绘制边框效果，如图8.43所示，接着设置填充色为"无"，边框色为C：9，M：74，Y：99，边框粗细为5毫米，按住Shift键，使用直线工具 ＼ 在边框内从左至右绘制横向直线。

③ 选中横向直线，显示"描边"调板，设置参数如图8.44所示，然后使用选择工具 ▶ 按住Alt+Shift组合键向右侧拖动，得到其复制对象，如图8.45所示。

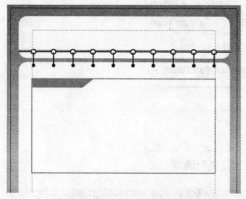

图8.43　绘制边框效果

图8.44　"描边"调板

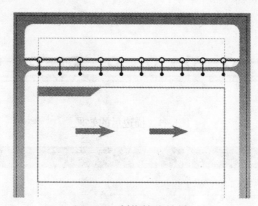

图8.45　制作箭头效果

④ 结合横排文字工具 T 及随书所附光盘中的文件"第8章\phone-yellow.png"、"user_blue.png"和"phone-red.png"，在边框内部输入相关文字及调整素材图形，直至得到如图8.46所示的效果。

⑤ 按照上述操作方法，结合矩形工具 □、横排文字工具 T 及随书所附光盘中的文件"第8章\素材2.psd"，在当前页面上制作边框及输入相关文字内容，直至得到如图8.47所示的最终效果。

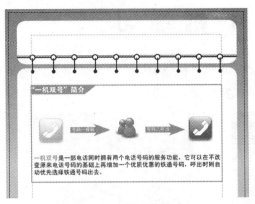

图8.46 制作其他信息　　　　图8.47 最终效果

提示：本例最终效果为随书所附光盘中的文件"第8章\一机双号宣传单页设计.indd"。

8.9 练 习 题

1．下列可以应用"角效果"命令进行处理的图形包括（　　）。

A．圆形　B．矩形　C．多边形　D．任意几何图形

2．下列关于"垂直翻转"对象的操作错误的是（　　）。

A．单击"工具"调板最右侧的三角按钮，在弹出的菜单中选择"垂直翻转"命令

B．单击"变换"调板右上方的三角按钮，在弹出的菜单中选择"垂直翻转"命令

C．在"工具"调板中将图像旋转180度

D．在"工具"调板中将图像旋转−180度

3．要将图像置于一个图形中，可以执行下列的哪些操作？（　　）

A．在选中图形的情况下置入图像

B．在未选择任何对象的情况下置入图像，然后将光标置于图形中单击即可

C．复制已置入的图像，然后选中图形并选择"编辑"→"贴入内部"命令

D．将图形置于图像的上方，然后同时选中图形和图像，再选择"对象"→"遮色"命令

4．使用下列哪些方法可以按照一定的规律复制对象？（　　）

A．按住Alt键，使用选择工具向一侧拖动以复制对象，然后连续按Ctrl+Alt+Shift+D组合键

B．选中对象并按Ctrl+C组合键复制，使用"编辑"→"多重复制"命令

C．选中对象并按Ctrl+C组合键复制，然后连续按Ctrl+Alt+Shift+D组合键

D．按住Alt键，使用选择工具向一侧拖动以复制对象，使用"编辑"→"多重复制"命令

5．下列关于"渐变"调板的说法正确的是（　　）。

A．要调出此调板，可以按F8键

B．此调板中最多可以设置不多于7个的渐变色标

C．只能将"色板"调板中设置好的颜色拖至"渐变"调板中作为色标使用

D．可以设置"线性"、"径向"及"放射"3种形式的渐变

8.10　上机练习

1．结合随书所附光盘中的文件夹"第8章\上机练习"，以及本章介绍的单页设计的基本形式，尝试制作得到如图8.48所示的手机宣传单页效果。

图8.48　宣传单页的正、反面

2．结合本章介绍的实例操作方法及相关素材，尝试将本章设计的单页（正、反面）内容修改成为折页（内、外各2页），使整体看起来更加简洁、大方。

第9章　在InDesign中设计书籍封面

要　求

- 掌握使用InDesign设计书籍封面的常用技术。

技能点

- 创建并保存文件。
- 在页面中添加参考线。
- 使用图形工具绘制几何图形。
- 为图形设置渐变填充色。
- 设置对象的透明度属性。
- 添加并格式化文字。
- 为对象添加描边及投影效果。
- 置入并编辑图像。

重点和难点

- 使用图形工具绘制几何图形。
- 为图形设置渐变填充色。
- 设置对象的透明度属性。
- 添加并格式化文字。
- 置入并编辑图像。

9.1　创建文件并添加参考线

本章将利用软件InDesign制作一款小说封面，如图9.1所示。

图9.1　封面设计效果

　　该封面从整体上看来并不复杂，但由于设计师加入了一些渐变矩形、正圆及正圆框等装饰物，使其变得简单而不单调，同时这些图形的虚虚实实、若有若无的效果，也刚好呼应了书名中的"梦"字，而正封底的图像则明确的点明了书名中的"水乡"二字，使封面整体看上去和谐一致。

　　首先，需要创建并保存封面文件，并在文档中，依据封面的尺寸需求，利用参考线将其划分出来。

　　① 按Ctrl+N组合键新建一个文件，设置弹出的对话框如图9.2所示。

　　② 单击"边框和分栏"按钮，设置弹出的对话框如图9.3所示，单击"确定"按钮退出对话框，从而新建一个文件。

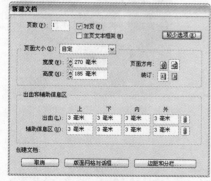

图9.2　"新建文档"对话框

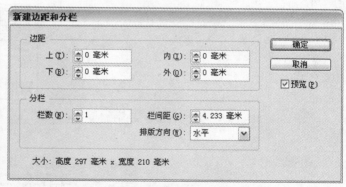

图9.3　"新建边距和分栏"对话框

　　③ 按Ctrl+R组合键显示标尺。使用选择工具，在垂直标尺上拖出两条参考线，分别置于130 mm和140 mm处，如图9.4所示。

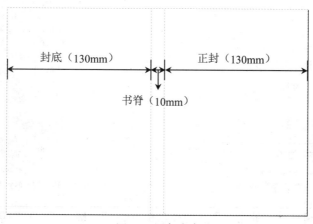

图9.4　添加参考线

提示：在"新建文档"对话框中，封面的宽度数值（270 mm）＝正封宽度（130 mm）＋书脊宽度（10 mm，即书的厚度）＋封底宽度（130 mm）。

④ 按Ctrl+S组合键保存文件，在弹出的对话框中设置文件保存的名称为"《梦里水乡》封面设计.indd"。

9.2　在封面中绘制竖条图形

本节将结合图形绘制、渐变填充以及混合模式等功能，在封面中制作竖条图像效果，其操作步骤如下：

① 打开上一节制作完成的封面文件"《梦里水乡》封面设计.indd"。

② 设置填充色的颜色值为C：7，M：25，Y：100，K：0，边框色为"无"，使用矩形工具 在封面上绘制如图9.5所示的黄色矩形。

图9.5　绘制矩形

③ 显示"渐变"调板并按照图9.6所示的参数进行设置。选择矩形工具 并设置填充色为刚刚设置的渐变色，边框色为"无"，在正封的最左侧绘制如图9.7所示的渐变矩形。

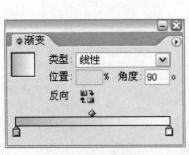

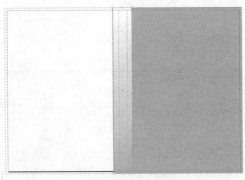

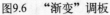

图9.6 "渐变"调板　　　　　　图9.7 绘制渐变矩形

提示：在"渐变"调板中，最左侧色标的颜色值为C：7，M：25，Y：100，K：0，最右侧色
标为白色。

④ 使用选择工具 按住Alt+Shift组合键向右侧将其拖动一个渐变矩形宽度的距离，得
到其复制对象，按Ctrl+Alt+Shift+D组合键5次，得到如图9.8所示的效果。

⑤ 按住Shift键，使用选择工具 将左数第2、4、6个渐变矩形选，并将"渐变"调板中
将右侧的白色色标改为黑色，得到如图9.9所示的效果。

⑥ 按住Shift键，使用选择工具 选中全部的渐变矩形，按Ctrl+G组合键将它们群组在
一起。

⑦ 显示"透明度"调板并设置当前群组对象的混合模式为"柔光"，得到如图9.10所示
的效果。

  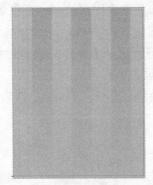

　　图9.8 复制矩形　　　　　图9.9 调整渐变　　　　　图9.10 设置混合模式

⑧ 选择直线工具 ，设置填充色为"无"，边框色为本
部分第⑤步设置的渐变，分别在各个渐变矩形之间绘制垂直直
线，如图9.11所示。

⑨ 使用选择工具 将上一步绘制的直线选中，按Ctrl+G
组合键将它们群组在一起。显示"透明度"调板并设置当前群
组对象的不透明度数值设置为"50%"。

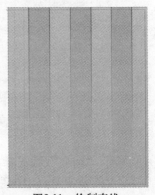

图9.11 绘制直线

9.3　置入并编辑主体图像

本节将结合混合模式及"羽化"命令，对置入的主体图像进行融合处理，再利用图形绘制功能，在封面的右上方增加装饰图形，其操作步骤如下：

① 打开上一节制作完成的封面文件"《梦里水乡》封面设计.indd"。

② 按Ctrl+D组合键应用"置入"命令，在弹出的对话框中打开随书所附光盘中的文件"第9章\素材1.tif "，使用选择工具 ![选择工具] 按住Ctrl+Shift组合键将该图像缩放为适当大小后，置于正封的底部，如图9.12所示。

③ 保持图像的选中状态，显示"透明度"调板并设置图像的混合模式为"正片叠底"，得到如图9.13所示的效果。

图9.12　摆放图像位置

图9.13　设置混合模式

④ 保持图像的选中状态，选择"对象"→"羽化"命令，设置弹出的对话框如图9.14所示，得到如图9.15所示的效果。

图9.14　"羽化"对话框

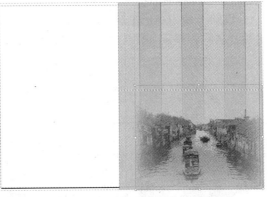
图9.15　应用"羽化"命令后的效果

⑤ 选择椭圆工具 ![椭圆工具]，分别设置其填充和边框色为"黑色"，按住Shift键在正封的右上角绘制如图9.16所示的正圆及正圆框。

⑥ 使用选择工具 ![选择工具] 选中上一步绘制的正圆及正圆框，显示"透明度"调板并设置当前选中对象的混合模式为"叠加"，按Ctrl+G组合键将所选对象群组起来，得到如图9.17所示的效果。

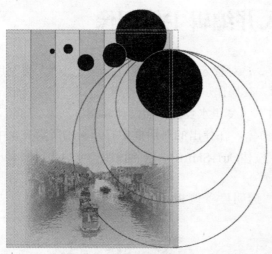

图9.16　绘制正圆及正圆框　　　　图9.17　设置混合模式

9.4　在封面中添加文字信息

本节将利用文字工具在封面中添加书名、作者姓名以及出版社名称等必要的文字信息，同时，还将结合一定的图形绘制功能，在封面添加装饰性的元素，其操作步骤如下：

① 打开上一节制作完成的封面文件"《梦里水乡》封面设计.indd"。

② 选择横排文字工具 T ，并设置文字填充色为"黑色"，边框色为"白色"，并设置线条宽度为"6点"，在正封的右侧输入如图9.18所示的文字。

③ 选中上一步输入的文字，选择"对象"→"投影"命令，设置弹出的对话框，如图9.19所示，得到如图9.20所示的效果。

④ 结合使用矩形工具 □ 及横排文字工具 T ，在正封左下角绘制矩形并输入作者姓名及出版社名称，得到如图9.21所示的效果。

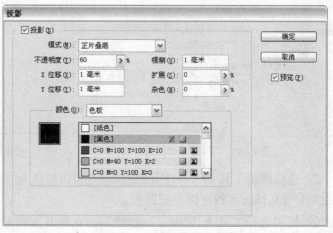

图9.18　输入书名　　　　　　　图9.19　"投影"对话框

图9.20　投影效果

图9.21　绘制矩形并输入文字

⑤ 最后，使用横排文字工具 T 在正封的中间处输入如图9.22所示的文字即可。如图9.23所示为此时正封的整体效果。

图9.22　输入文字

图9.23　正封整体效果

9.5　完成书脊并制作封底的背景

本节将通过简单的文字编排完成书脊的设计，然后再结合渐变填充以及融合素材图像等操作，完成封底的背景图像，其操作方法如下：

① 打开上一节制作完成的封面文件"《梦里水乡》封面设计.indd"。

② 书脊的制作较为简单，只需要输入书名及出版社名称即可，如图9.24所示。

③ 显示"渐变"调板并设置好渐变。选择矩形工具 并设置填充色为刚刚设置的渐变色，边框色为"无"，在封底上绘制如图9.25所示的渐变矩形。

④ 使用选择工具 按住Alt+Shift组合键向左侧拖动正封底部的图像，得到其复制对象，并将其置于如图9.26所示的位置。

图9.24　在书脊上输入文字

图9.25　绘制渐变

图9.26　摆放图像位置

⑤ 保持图像的选中状态，显示"透明度"调板并设置当前图像的混合模式为"柔光"，不透明度数值为"25%"，得到如图9.27所示的效果。

⑥ 使用选择工具 ▶ 选中本例 9.3节中绘制并群组的圆形对象，按住Alt+Shift组合键将其拖至封底上，得到其复制对象。

⑦ 保持图形的选中状态，显示"变换"调板，单击其右上角的侧三角按钮 ⊙ ，在弹出的菜单中选择"水平翻转"命令，并将其置于如图9.28所示的位置。

⑧ 保持图形的选中状态，显示"透明度"调板并设置当前组合对象的不透明度数值为"20%"，得到如图9.29所示的效果。

图9.27　设置图像不透明度

图9.28　复制图形

图9.29　设置图形不透明度

9.6　在封底中加入条形码等必要信息

本节将在封底中添加条形码、定价等必要的文字信息，从而完成整个封面作品，其操作方法如下：

① 打开上一节制作完成的封面文件"《梦里水乡》封面设计.indd"。

② 按Ctrl+D组合键应用"置入"命令，在弹出的对话框中打开随书所附光盘中的文件"第9章\素材2.tif"，使用选择工具 ▶ 将其缩小后置于封底的左下角，如图9.30所示。

③ 结合使用横排文字工具 T 及直线工具 ＼ 在上一步置入的条形码素材右侧输入文字并绘制分隔线，如图9.31所示。

图9.30　置入条形码　　　　　　　图9.31　输入文字并绘制分隔线

提示：文字及直线的颜色均为黑色。

④ 设置填充色的颜色值为C：12，M：42，Y：100，K：0，边框色为"无"，使用矩形工具 ▢ 在封底的左上角绘制一个小矩形，如图9.32所示。

⑤ 设置填充色为"无"，边框色的颜色值为C：0，M：0，Y：0，K：50，使用直线工具 ＼ 并设置适当的线条宽度，在封底的右侧绘制如图9.33所示的线条。

⑥ 最后设置文字颜色为"黑色"，使用横排文字工具 T 在封底中输入封面设计及作者简介等文字，得到如图9.34所示的最终效果。

图9.32　绘制矩形块　　　　图9.33　绘制线条　　　　图9.34　封底整体效果

⑦ 如图9.35所示为隐藏所有参考线后的封面整体效果，如图9.36所示为本例制作的封面的立体效果。

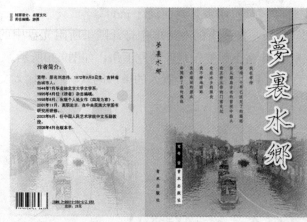

图9.35 最终效果　　　　　图9.36 封面立体效果

> 提示：本例最终效果为随书所附光盘中的文件"第9章\《梦里水乡》封面设计.indd"，立体效
> 果文件为"第9章\《梦里水乡》封面设计–立体效果.psd"。

9.7 练 习 题

1．在InDesign创建新文档时，封面尺寸的计算方法为（　　）。

A．正封的宽度+封底的宽度+书脊的宽度

B．正封的高度+封底的高度+书脊的高度

C．正封的宽度×2+书脊的宽度

D．正封的高度×2+书脊的高度

2．下列关于参考线的说法正确的是（　　）。

A．参考线是可以被执行选中、复制、粘贴及删除等操作的

B．参考线不可以复制和粘贴

C．在锁定参考线的情况下，将无法创建或删除参考线

D．在隐藏参考线的情况下，如果创建新的参考线，则自动切换至显示参考线的状态

3．下列关于"投影"命令的说法正确的是（　　）。

A．此命令可以为对象增加白色投影效果

B．此命令的颜色只能是在"色板"调板中存在的颜色

C．应用此命令的快捷键是Ctrl+Alt+M键

D．此命令仅可以针对文字及图形增加投影，但目前无法为图像对象增加投影

4．"羽化"命令的快捷键是（　　）。

A．Ctrl+Alt+M键　　　　　　　B．Ctrl+Alt+F键

C．Ctrl+Alt+D键　　　　　　　D．此命令无快捷键

5．以图9.37所示的3个交叠在一起的圆形为例，如果要得到如图9.38所示的透明效果，应如何在"透明度"调板中设置参数？

图9.37　原图形　　　　　　　　图9.38　设置透明度后的效果

A．直接选中3个圆形在"透明度"调板中设置不透明度参数

B．选中3个圆形并编组，然后在"透明度"调板中设置不透明度参数

C．直接选中3个圆形在"透明度"调板中设置不透明度参数，并将其编组，然后选中"挖空组"复选框

D．直接选中3个圆形在"透明度"调板中设置不透明度参数，并将其编组，然后选中"分离混合"复选框

9.8　上 机 练 习

1．在InDesign中利用随书所附光盘中的文件夹"第9章\上机练习"，以《新世纪家居装饰典范》为书名设计一个封面，要求该封面以图片说明为主，文字说明为辅，整体感觉简洁大方，又不失一定的现代感，其说明文字自拟，其尺寸为标准16K，如图9.39所示。

图9.39　封面效果

2．利用上一练习题中的素材图像，尝试以大幅图像为主的设计手法，配合适当的文字编排，让封面给人一种大气、简洁、时尚的视觉效果。

第10章 在InDesign中设计宣传广告

要 求

- 掌握使用InDesign设计书籍封面的常用技术。

技能点

- 创建并保存新文档。
- 利用剪切路径功能制作镂空图像。
- 使用图形工具绘制几何图形。
- 设置对象的透明度属性。
- 使用钢笔工具 沿图像边缘绘制路径。
- 将图像粘贴入图形中。
- 输入并格式化文字。

重点和难点

- 利用剪切路径功能制作镂空图像。
- 设置对象的透明度属性。
- 使用钢笔工具 沿图像边缘绘制路径。
- 将图像粘贴入图形中。

10.1　创建并保存文档

本章将利用InDesign软件制作一则古玩展示会的宣传广告，如图10.1所示。

图10.1　完成后的广告

签于此广告主题的需要，设计师采用了大量的具有古典特色的图像、图案及文字字体来渲染广告的整体气氛，并将一个古玩的实物图像置于广告的视觉中心点处，使读者在第一时间了解广告诉求的主要内容。

首先，要根据广告的尺寸，新建一个文档并将其保存，操作方法如下：

① 按Ctrl+N组合键新建一个文件，设置弹出的对话框如图10.2所示。

② 单击"边距和分栏"按钮，设置弹出的对话框如图10.3所示，单击"确定"按钮退出对话框，创建得到一个新文档。

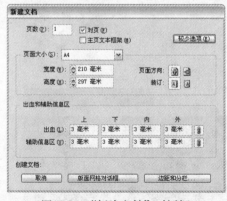

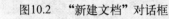

图10.2　"新建文档"对话框

图10.3　"新建边距和分栏"对话框

③ 按Ctrl+S组合键保存文件，在弹出的对话框中设置文件保存的名称为"《中国古玩展示会》广告设计.indd"。

10.2　绘制底图并叠加图案

本节除了使用图形绘制功能在广告中绘制背景外，还将结合“剪切路径”命令及混合模式等功能，在广告背景中融合一些装饰性的图案，其操作方法如下：

① 打开上一节制作完成的广告文件“《中国古玩展示会》广告设计.indd”。

② 设置填充色的颜色值为C：1，M：5，Y：35，K：0，边框色为“无”，使用矩形工具绘制 一个覆盖整个文档大小的矩形。

③ 再次设置填充色的颜色值为C：28，M：78，Y：97，K：23，边框色为“无”，使用矩形工具分别在页面的顶部和底部绘制如图10.4所示的矩形。

图10.4　绘制矩形

④ 选择“文件”→“置入”命令，在弹出的对话框中打开随书所附光盘中的文件“第10章\素材1.tif ”，单击“打开”按钮后，在页面的空白区域单击，从而将图像置入进来。

提示：此时置入的图像是纯白色的，需要继续后面的操作才能将其显示出来。

⑤ 使用选择工具按住Ctrl+Shift组合键将上一步置入的图像缩小至宽度与文档宽度相同，并将其置于文档的中间位置。

⑥ 保持图像的选中状态。选择“对象”→“剪切路径”命令，设置弹出的对话框如图10.5所示，得到如图10.6所示的效果。

图10.5　“剪切路径”对话框

图10.6　应用“剪切路径”命令后的效果

⑦ 保持图像的选中状态，按Ctrl+X组合键或选择"编辑"→"剪切"命令。使用选择工具 ▶ 选择页面顶部的矩形，按Ctrl+Alt+V组合键或选择"编辑"→"贴入内部"命令，得到如图10.7所示的效果。

⑧ 选择位置工具 ，单击上一步粘贴入矩形中的图像以将其选中，按住Shift键将其向上拖动，使龙头和凤头显示出来。

⑨ 保持图像的选中状态。显示"透明度"调板并设置对象的混合模式为"柔光"，得到如图10.8所示的效果。

图10.7　置入图像　　　　　　　　　图10.8　设置对象混合模式

⑩ 按照本例第④~⑨步的方法置入随书所附光盘中的文件"第10章\素材2.tif"，并将其置于页面的左下角，得到如图10.9所示的效果。

⑪ 保持图像的选中状态。按Ctrl+C组合键执行"复制"操作，选择"编辑"→"原位粘贴"命令，得到其复制对象，并保持该复制对象的选中状态。

⑫ 显示"变换"调板并单击其右上角的侧三角按钮 ，在弹出的菜单中选择"水平翻转"命令，并将其置于如图10.10所示的位置。

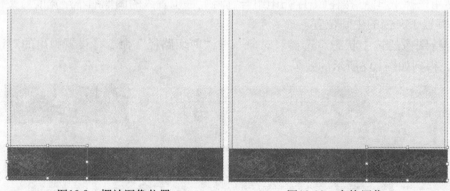

图10.9　摆放图像位置　　　　　　　图10.10　变换图像

⑬ 设置填充色为"黑色"，边框色为"无"，使用矩形工具 □ 分别在图像顶部和底部的矩形内侧绘制如图10.11所示的黑色装饰条。

图10.11　绘制装饰线条

10.3　置入并抠选图像

本节将置入一些素材图像作为广告的主体，同时还要结合钢笔工具 ✒ 绘制路径以及"贴入内部"命令将图像抠选出来，其操作方法如下：

① 打开上一节制作完成的广告文件"《中国古玩展示会》广告设计.indd"。

② 选择"文件"→"置入"命令，在弹出的对话框中打开随书所附光盘中的文件"第10章\素材3.tif"，使用选择工具 ▶ 将该图像缩放为适当大小后置于如图10.12所示的位置。

③ 保持图像的选中状态，按本例10.2节介绍的方法为图像制作镂空效果。显示"透明度"调板并设置对象的不透明度数值为"20%"，得到如图10.13所示的效果。

图10.12　置入图像　　　　图10.13　应用剪贴路径

④ 选择"文件"→"置入"命令，在弹出的对话框中打开随书所附光盘中的文件"第10章\素材4.ai"，使用选择工具 ▶ 将该图像缩放为适当大小后置于如图10.14所示的位置。

⑤ 选择"文件"→"置入"命令，在弹出的对话框中打开随书所附光盘中的文件"第10章\素材5.tif"，使用选择工具 ▶ 将该图像缩放为适当大小后置于如图10.15所示的位置。

图10.14　置入矢量素材　　　　图10.15　摆放素材位置

⑥ 设置填充色和边框色均为"无"，使用钢笔工具 ⟋ 沿着图像的边缘绘制路径，如图10.16 所示。使用选择工具 ▶ 选中古玩图像，按Ctrl +X组合键或选择"编辑"→"剪切"命令。

⑦ 使用选择工具 ▶ 选中上一步绘制的路径，按Ctrl+Alt+V组合键或选择"编辑"→"贴入内部"命令，得到如图10.17所示的效果。

图10.16　绘制路径　　　　　　图10.17　粘贴入图像

10.4　绘制装饰图形

本节将结合矩形工具 ▢、直线工具 ╲ 等，在广告中绘制一些装饰性的图形，其操作方法如下：

① 打开上一节制作完成的广告文件"《中国古玩展示会》广告设计.indd"。

② 设置填充色为"黑色"，边框色为"无"，使用矩形工具 ▢ 在页面的右侧绘制如图10.18所示的矩形。在该矩形选中的状态下，应用"文件"→"置入"命令，置入随书所附光盘中的文件"第10章\素材6.tif"。

③ 使用位置工具 ▨ 选中置入的图像并按住Shift键水平方向上拖动图像，使矩形框中显示出较为丰富的图像，得到如图10.19所示的效果。

④ 设置填充色为"黑色"，边框色为"无"，使用矩形工具 ▢ 在上一步制作的矩形图像顶部和底部绘制黑色矩形块，得到如图10.20所示的效果。

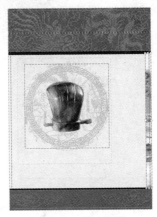

图10.18　绘制矩形条　　　　　　图10.19　置入图像

⑤ 设置填充色为"无"，边框色的颜色值为C：0，M：0，Y：0，K：30。 选择直线工具 \ 并在工具选项条上设置线条宽度为0.35毫米，类型为"实底"，按住Shift键在页面右侧绘制如图10.21所示的4根垂直直线。

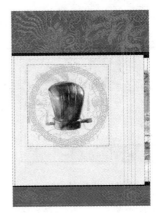

图10.20　绘制装饰块　　　　　　图10.21　绘制线条

10.5　编排主体文字

本节将结合横排文字工具 T 输入文字，并对文字进行格式化处理等操作，在广告中输入主体文字内容，其操作方法如下：

① 打开上一节制作完成的广告文件"《中国古玩展示会》广告设计.indd"。

② 选择横排文字工具 T 并设置适当的文字填充色及边框色，在上一步绘制的垂直直线上输入如图10.22所示的文字。

③ 设置文字填充色的颜色值为C：0，M：22，Y：99，K：0，边框色的颜色值为C：0，M：0，Y：0，K：10，在页面的右侧输入如图10.23所示的文字。

④ 保持上一步所输入文字的选中状态。按Ctrl+Shift+[组合键或选择"对象"→"排列"→"置为底层"命令，再按Ctrl+]组合键或选择"对象"→"排列"→"前移一层"命令，得到如图10.24所示的效果。

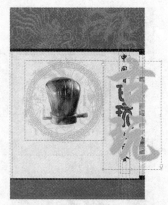

图10.22　输入标题文字　　　　图10.23　输入文字"古玩"

⑤ 显示"透明度"调板并设置文字对象的不透明度数值为"50％"，得到如图10.25所示的效果。

图10.24　调整对象顺序　　　　图10.25　设置对象不透明度

⑥ 设置填充色为"无"，边框色的颜色值为C：28，M：78，Y：97，K：23。 选择直线工具 ＼ 并显示"描边"调板，按照图10.26所示进行参数设置。

⑦ 按住Shift键，使用直线工具 ＼ 从页面的左侧至右侧绘制如图10.27所示的虚线。

⑧ 最后，使用横排文字工具 Ｔ 在页面下半部分的空白处输入展示会的联系方式及介绍性文字，得到如图10.28所示的最终效果。

图10.26　"描边"调板　　　图10.27　绘制虚线条　　　图10.28　最终效果

提示：本例最终效果为随书所附光盘中的文件"第10章\《中国古玩珠宝展示会》广告设
计.indd"。

10.6　练　习　题

1．在InDesign中置入一幅TIF格式图像，且该图像为纯黑色，其通道状态如图10.29所
示，如果要在页面中显示对应的图像，除了要在"类型"下拉列表框中选择"Alpha通道"
选项外，还需要在对话框底部区域选择哪个复选框？（　　）

A．"反转"复选框　　　　　　　　B．"包含内边缘"复选框
C．"限制在框架中"复选框　　　　D．"使用高分辨率图像"复选框

图10.29　通道状态

2．在InDesign中，执行"贴入内部"操作的快捷键是（　　）。

A．Ctrl+Shift+V键　　　　　　　B．Ctrl+V键
C．Ctrl+Alt+V键　　　　　　　　D．Ctrl+Alt+Shift+V键

3．在InDesign中，要等比例缩小或放大图像，应按住（　　）。

A．Shift键　B．Alt键　C．Ctrl键　D．Ctrl+Shift键

4．在"透明度"调板中可以设置对象的（　　）。

A．不透明度　B．混合模式　C．填充透明度　D．锁定或解锁状态

10.7　上　机　练　习

1. 在InDesign中，利用随书所附光盘中的文件夹"第10章\上机练习"，以"有健康才有
将来"为主题，采用曲线型编排方式，按照单向式从左至右的视觉观看流程，说明文字可自
拟，制作一则房地产广告，如图10.30所示。

图10.30　上机练习1

2. 仍使用上一题中给出的素材，在保存广告尺寸不变的情况下，尝试将其修改成为竖幅广告，并仍然保留原广告整体宽阔的视野以及大幅面的图像展示。

附录　练习题答案

第1章　练习题答案

　　1．ABCD 2．ABCD 3．ABD 4．ABCD

第2章　练习题答案

　　1．ABCD 2．ACD 3．C 4．ACD 5．A

第3章　练习题答案

　　1．A 2．D 3．AC 4．ABCD 5．C 6．ABCD 7．C 8．C 9．A 10．A

第4章　练习题答案

　　1．CD 2．B 3．ABD 4．D 5．B

第5章　练习题答案

　　1．A 2．C 3．B 4．A 5．BC 6．C 7．B

第6章　练习题答案

　　1．D 2．C 3．ABCD 4．ABC 5．ABC 6．BD 7．AB 8．D

第7章　练习题答案

　　1．ABCD 2．D 3．AB 4．A 5．ABCD 6．BCD

第8章　练习题答案

　　1．ABCD 2．AB 3．ABC 4．AB 5．B

第9章　练习题答案

　　1．AC 2．AD 3．AC 4．D 5．BC

第10章　练习题答案

　　1．B 2．A 3．D 4．AB

郑 重 声 明

高等教育出版社依法对本书享有专有出版权。任何未经许可的复制、销售行为均违反《中华人民共和国著作权法》，其行为人将承担相应的民事责任和行政责任，构成犯罪的，将被依法追究刑事责任。为了维护市场秩序，保护读者的合法权益，避免读者误用盗版书造成不良后果，我社将配合行政执法部门和司法机关对违法犯罪的单位和个人给予严厉打击。社会各界人士如发现上述侵权行为，希望及时举报，本社将奖励举报有功人员。

反盗版举报电话：（010）58581897/58581896/58581879

传　　真：（010）82086060

E - mail：dd@hep.com.cn

通信地址：北京市西城区德外大街 4 号
　　　　　　高等教育出版社打击盗版办公室

邮　　编：100120

购书请拨打电话：（010）5858111